高等教育设计类"十四五"系列规划教材

U0163667

景观小品设计

主 编◎罗 君 胡燨月

副主编◎龙又嘉 文佳才 张 琳 宋 晶 齐海红
　　　　唐 湉 杨琳艺 牛 云 胡 幸

四川大学出版社

SICHUAN UNIVERSITY PRESS

图书在版编目（CIP）数据

景观小品设计 / 罗君，胡燨月主编. 一 成都：四川大学出版社，2023.8
　ISBN 978-7-5690-6100-0

Ⅰ.①景… Ⅱ.①罗… ②胡… Ⅲ.①园林小品－园林设计 Ⅳ.① TU986.48

中国国家版本馆 CIP 数据核字（2023）第 076978 号

书　　　名：景观小品设计
　　　　　　Jingguan Xiaopin Sheji
主　　编：罗　君　胡燨月
丛 书 名：高等教育设计类"十四五"系列规划教材

丛书策划：庞国伟　蒋　玙
选题策划：王　睿
责任编辑：王　睿
责任校对：胡晓燕
装帧设计：墨创文化
责任印制：王　炜

出版发行：四川大学出版社有限责任公司
　　　　　　地址：成都市一环路南一段 24 号（610065）
　　　　　　电话：（028）85408311（发行部）、85400276（总编室）
　　　　　　电子邮箱：scupress@vip.163.com
　　　　　　网址：https://press.scu.edu.cn
印前制作：四川胜翔数码印务设计有限公司
印刷装订：四川煤田地质制图印务有限责任公司

成品尺寸：185 mm×260 mm
印　　张：13
字　　数：314 千字

版　　次：2023 年 8 月 第 1 版
印　　次：2023 年 8 月 第 1 次印刷
定　　价：68.00 元

本社图书如有印装质量问题，请联系发行部调换

扫码获取数字资源

四川大学出版社
微信公众号

前　言

　　随着我国经济的迅猛发展，为人居环境的改善提供了有力的物质支撑，人们越来越重视人居环境和生态文明建设。景观小品作为人居环境中的重要组成部分，不仅与人们的生活、工作、学习紧密相关，更能反映地方的文化、艺术、经济和科技的发展水平。景观小品设计是一门综合性很强的设计课程，包含了艺术与科技等领域诸多知识，景观小品拥有多种类型，包括停车场、景墙、雕塑、大门、水景、绿化小品、导视系统等，它们彼此联系、相互影响，展现人们生活环境中景观的特色。

　　景观小品是环境设计中的重要点缀，具有画龙点睛的作用。本书采用国内外优秀案例，将理论与实践相结合，从而启发设计者的创意思维。本书案例翔实、图文并茂、通俗易懂，学生能够轻松地学习到景观小品设计的专业知识，每章的后面配有思考题，便于学生及时巩固所学知识。

　　本书由四川旅游学院罗君和成都艺术职业大学胡爔月担任主编，由四川旅游学院龙又嘉、文佳才、张琳、宋晶、齐海红、唐浩、杨琳艺、牛云、胡幸担任副主编。本书案例由四川旅游学院文旅规划设计研究院和旅游景观规划工作室，以及成都景润九州旅游规划设计有限责任公司提供。

　　限于编者水平，书中难免有不当之处，恳请各位专家、读者批评指正，以使教材更加完善。

编　者

2023 年 6 月

目　录

绪 论

第一节 景观小品的概念

景观小品包括建筑小品、生活设施小品、道路设施小品等，是景观设计中的基本元素。它们的合理组合与设计可营造出多样的景观效果，以满足人们对安全、健康、舒适、美观的要求。同时，不同的景观小品能体现不同的功能和文化氛围，丰富、提高景观的品质，反映人与自然的关系。

景观小品是景观中的点睛之笔。简单来说，景观小品是放置在室外环境中的艺术品。与其他艺术形式相比，景观小品更加强调景观创意设计在空间环境中的设置，注重公共的交流、互动，是"社会精神"的体现。

景观小品一般体量较小、色彩单纯，对空间起点缀作用，在具有实用功能的同时能够满足人们的精神需要。一般景观小品可分为服务类景观小品和休闲娱乐类景观小品。

一、服务类景观小品

服务类景观小品主要指在景区或园林中为游人提供休息、照明、展示、导向、服务的设施，如亭、廊、垃圾箱、洗手池、照明设施、地面铺装、围墙、大门、桥、景观绿化、无障碍设施等。无论是现代园林还是古典园林，得体且适用的景观小品能体现出"于细微处见精神"的设计风格，使园林景观更加和谐。服务类景观小品如图 0-1-1 所示。

图 0-1-1 服务类景观小品

二、休闲娱乐类景观小品

休闲娱乐是人们生活中不可或缺的一部分，可以让人们放松身心、释放压力，体验生活的乐趣。休闲娱乐类景观小品可分为休闲景观小品和娱乐景观小品两类，它们有不同的适用范围和对象，其内容和繁简程度也各不相同。随着时代的发展和科技的进步，人们的生活方式发生了改变，人类活动空间得以扩大，休闲娱乐内容也因此更为丰富。人们可根据自己的兴趣爱好、性格和生活环境选择适合自己的休闲方式。休闲娱乐类景观小品可以提高整个空间环境的艺术品质，改善空间环境的景观形象，给人们带来美的享受。休闲景观小品、娱乐景观小品分别如图 0-1-2、图 0-1-3 所示，互动性休闲娱乐类景观小品如图 0-1-4 所示。

图 0-1-2 休闲景观小品——流水雕塑

图 0-1-3 娱乐景观小品——桃浦中央绿地儿童树桩游戏池

图 0-1-4　互动性休闲娱乐类景观小品

第二节　景观小品的功能及特点

一、景观小品的功能

景观小品的设计应与建筑群体的整体风格、形式相统一，在功能上满足人的基本需求，切忌出现与整体风格不符，内涵表现模糊的小品形式。在设计景观小品时，应充分考虑当地的自然景观与人文风情，赋予景观小品特定的文化内涵，让其在具有艺术审美价值的同时承载独特的人文情怀。景观小品的功能主要有以下四种。

（一）使用功能

在现代景观设计中，可针对特定性质的空间环境来设置具有不同使用功能的景观小品。景观小品应充分体现以人为本的设计理念，满足人们的使用需求。例如，当人们疲乏时，可慵懒地在亭里休息，静静地欣赏周围美景。在细雨纷飞时，人们可以在廊、亭中小憩避雨。白天，园灯是具有装饰作用的景观小品；夜晚，园灯可通过照明提高人们的夜间出行安全，还可通过多彩的灯光营造园区的氛围。铺地可方便人们行走，也能为游人指明游览的方向。水景小品是以设计水的 5 种形态（静、流、涌、喷、落）为内容的小品设施，能满足人们的亲水需要。如图 0-2-1 所示，该水景小品不但给人们提供了休息、娱乐、交流的空间，还具有较强的造型艺术和观赏价值。

图 0-2-1 水景小品

（二）安全防护功能

部分园林景观小品具有安全防护功能，可有效保障游客的游玩安全。作为园林景观重要组成部分的山水小品，要注重发挥保障游客游玩安全的功能，如设计各种围墙、安全护栏等。这些景观小品除安全防护功能外，还有强调和划分不同空间的功能。

（三）美化功能

景观小品通常具有较强的艺术性和观赏价值，能通过不同的造型、色彩等带给人们不同的视觉感受，在景观设计中起到画龙点睛的作用。现代景观小品可在形式设计上融入当地特色文化，反映当地特有的审美情趣。

（四）信息传达功能

景观小品作为一种文化传播的媒介，具有信息传达功能。例如，城市宣传廊、宣传牌可以向人们普及文化知识，进行普法教育等；景区引导图、道路标识牌等能通过图案、文字等信息为人们提供指引及更全面的服务，如图 0-2-2 所示；雕塑小品可以融入环境保护等内容，加强人们的环保意识及对社会的责任感，更好地宣扬绿色生活理念，如图 0-2-3 所示。

图0-2-2　雅安市蒙顶山旅游景区导游全景图

图 0-2-3　雕塑小品

二、景观小品的特点

（一）与环境的协调性及整体性

景观小品应妥善处理局部与整体、艺术设计与周围环境的关系，力图在功能、形象、内涵等方面与周围的环境相协调。如在农业旅游场景中的景观小品，其文化属性应与旅游场景相适应，同时，还应与农业产业区域及乡村环境相协调，起到引领空间环境的作用。景观小品的应用总是处于一定环境的包容中，所以人们看到的不只是它本身，而是与周围环境共同形成的整体效果。因此在设计与配置景观小品时，要从整体性上考虑其所处的环境和空间模式，确保景观小品与周围环境和建筑之间和谐、统一，避免在形式、风格、色彩上产生冲突和对立。

（二）设置与创作上的科学性

在设计景观小品时应考虑当下科技发展水平，即只有经过科学设置与创作的景观小品，才能在环境中得到更好的呈现。例如被称为世界七大奇迹之一的空中花园（又称悬苑），传说是公元前 6 世纪由巴比伦王国的尼布甲尼撒二世在巴比伦城附近为其患思乡病的王妃安美依迪丝修建的。令人遗憾的是，空中花园和巴比伦文明中其他著名建筑一样，早已淹没在滚滚黄沙之中。后来众多学者想尽一切办法模拟复建空中花园，却都以失败告终。由此来看，景观小品的设置与创作既要考虑美观性也要考虑科学性。

（三）风格上的民族性和时代感

真正成功的景观小品，应该既蕴含了民族特点，又融合了时尚元素，是民族风格与时代意识的统一体，这要求设计者必须具有强烈的现代设计意识和广博的文化修养。所谓景观小品的民族性，并不是把民族的元素直接"搬"过来用，而是要结合时代背景，加上符合当下人们审美的创新性设计。

（四）文化背景和地方特色

地方特色源于独特的自然和人文相互作用建立起来的一体化特征，历史文脉的传承从传统地方的更新发展中获得延续。我们在设计景观小品时，若将地方的文化背景和特色融入其中，可更好地反映当地的自然环境、社会生活、历史文化特点等。所以，园林景观小品的设计应与地方的文化背景和特色相呼应，如图0-2-4所示。

图0-2-4　鹿池效果图（雅安二郎山景区）

（五）表现形式的多样性与功能的合理性

景观小品表现形式多样，不拘一格、体量、手法、组合形式、材料的多样化使其表现内容丰富多彩。景观小品的设计是根据美学理念而来，所以其必然具备造景功能的合理性。如图0-2-5所示，使用功能是园林景观中最基础的功能需求，也是其设计的初衷。在设计时如果根据实际需要来提升景观小品的使用功能，可让人们的生活需求和便利性得到

图0-2-5　大地艺术（贵州余庆红渡景区）

更好满足。因此，人们对景观园林设计的要求往往随着时代发展和生活水平的提高不断提升。

第三节　景观小品设计原则

景观小品在设计时要遵循布局与总体规划相统一的原则，即与周围环境相协调、与艺术文化相结合、与人的需求相结合、与功能需求相结合、与材料应用相结合。

一、与周围环境相协调

景观小品的设计要把主观构思的"意"和客观存在的"境"结合起来。景观小品作为一种兼具实用性与装饰性的艺术品，不但要具有很好的审美功能，更重要的是要与周围环境相协调，与周围环境形成一个整体（图0-3-1）。景观的周围环境包括有形环境和无形环境。有形环境包括绿化、水体、建筑等环境。无形环境主要指人文环境，包括历史和社会等因素。在设计与配置景观小品时，要整体考虑其空间尺度、形象、外观、材料和色彩等与周围环境的关系，确保景观小品与周围环境及建筑的

图0-3-1　景观小品与周围环境形成一个整体

和谐、统一，避免在形式、风格、色彩上产生冲突和对立。

二、与艺术文化相结合

景观小品能起到美化环境的作用，因此具有审美价值。景观小品通过本身的造型、质地、色彩、肌理向人们展示其形象特征，表达某种情感，满足人们的审美情趣，但同时也应体现一定的文化内涵。景观小品的文化内涵体现在地方性和时代性当中。它的创造过程是对文化内涵不断挖掘、提炼和升华的过程，反映了一个地区自然环境、社会生活、历史文化等方面的特点。景观小品的文化特征反映在其形象上，因其文化

背景和地域特征的不同而呈现出不同的设计风格。在设计方面，应从表现形式、工艺方法、颜色搭配等方面进行全方位思考，实现景观小品与周围自然景观和人文元素的有机结合。

三、与人的需求相结合

景观小品设计的目的是服务于人，人的习惯、行为、性格、爱好等决定着对环境空间的选择。景观小品最基本的原则是满足功能性的要求。我国古代思想家墨子曾说，食必常饱，然后求美；衣必常暖，然后求丽；居必常安，然后求乐。由此可见，景观小品的设计须"以人为本"，从人的行为、习惯出发，以合理的尺度、优美的造型、协调的色彩、恰当的比例、舒适的材料质感来满足人们的需求。例如，根据婴幼儿、青少年、成年人的行为心理特点，再充分考虑老人及残疾人对景观小品的特殊需要，落实在座椅尺度、专用人行道、坡道、盲文标识（图0-3-2）、专用公厕等细部景观小品的设计中，使景区真正成为大众所喜爱的休闲旅游度假场所。

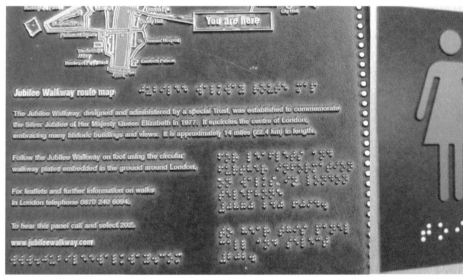

图 0-3-2　带有盲文的标识牌

人体尺度是景观小品设计所要遵循的基本数据，也是探究景观小品设计是否合理的一个重要参照。旅游景区内游客众多，不同年龄、不同人种、不同性别的游客人体尺度也有差别，因此，要从使用者的实际出发，有针对性地提出设计方案。比如景区内卫生间的洗手盆高度应当考虑使用人群的身高，成人洗手盆的高度一般在 80 cm 左右，儿童洗手盆的高度在 65 cm 左右，设计不同高度的洗手盆以满足不同游客群体的需求；儿童休闲娱乐设施小品的受众群体是儿童，因此需要针对儿童的身体尺度和心理特征进行设计规划。只有符合人体尺度的景观小品，才能更好地规范、引导游客的体验过程，满足游客的基础需求。

四、与功能需求相结合

绝大多数景观小品具有较强的实用功能，即在设计时除满足装饰性，符合人的行为习惯，满足人的心理需求外，还应考虑功能性，功能性对于景观小品来说是基础性要素。例如，公园里的座椅或凉亭可为游人提供休息、避雨、等候和交流等服务功能，标识牌、垃圾箱等更是人们户外活动不可缺少的服务性景观小品。

在设计景观小品时应考虑广泛设置的经济性和可行性，要便于管理、清洁和维护，同时积极倡导景观小品的循环利用，传递绿色环保理念。

五、与材料应用相结合

优秀的设计作品不是对传统的简单模仿和生搬硬套，而是将传统的景观文化、地方特色和现代生活的需要与美学价值很好地结合在一起，并在此基础上进行提高和创新，使景观小品展现出别具一格的风貌特色。现今，景观小品材料、色彩的应用更加多元化，石材、木材、竹藤、金属、铸铁、塑胶、彩色混凝土（图 0-3-3）等材料的广泛应用，促进了景观小品的发展。

图 0-3-3　城市绿道（彩色混凝土）

【复习思考题】

　1.怎样理解景观小品?

　2.景观小品的功能主要体现在哪些方面?

　3.景观小品主要分为哪几类?对周围环境的作用是什么?

　4.景观小品的设计要坚持哪些原则?

第一章 大门设计

大门作为典型的入口景观建筑，是景观空间序列的开端，也是景观设计中重要的构成要素之一。大门以其本身的功能和优美的形式构成景观中具有观赏内容的独立单元，同时景观设计的空间构思与创造往往通过其作为分割、立意来增加变化。大门在景观建筑中虽然体量不大，却起着组织人流和集散交通的作用，充分体现了景观规划区域的规模、性质及风格。

第一节 大门的功能

大门不仅起到围合、标志与划分组织空间，控制人流、车流出入与集散的作用，其本身还具有装饰性、观赏性，可营造空间氛围，美化周围环境，是景观环境的重要组成部分。大门的主要功能有标志、组织引导、空间组织、体现景区特色和服务五个。

一、标志功能

大门的标志功能分为两个方面：其一，大门能帮助人们识别景观场所的性质；其二，大门作为一个空间序列的起点，可直观传达空间区域的文化信息。景区大门如图 1-1-1 所示。

（a）四川旅游学院校门（四川旅游学院为 AAA 级旅游景区）

（b）黑龙江镜泊湖景区大门

图 1-1-1 景区大门

大门的形态、色彩、质感等可帮助人们识别景观场所的类型和性质，具有强烈的视觉信号，如图 1-1-2 至图 1-1-4 所示。

图 1-1-2　佛坪·熊猫谷景区大门设计方案

图 1-1-3　雅克夏国家森林公园嘛呢沟门景设计方案

图 1-1-4　中国亚布力熊猫馆大门

二、组织引导功能

大门具有组织引导功能，可解决人流的集散、疏导交通等问题。设计大门时应按人车分流的原则，采用交通标志与标线指示行车方向、停车场地、步行活动区。

大门的出入口一般分为人行出入口、非机动车出入口和机动车出入口，出入口在设计时应考虑两方面因素：一是通行的主体（人、自行车、汽车等）之间避免相互干扰。二是应对周围道路的通行流量进行分析，作为人和车通行尺度的设计依据。九禾农庄旅游景区大门设计方案如图1-1-5所示。

图1-1-5　九禾农庄旅游景区大门设计方案

三、空间组织功能

大门属于景观建筑，一般用来区分景区的内部和外部空间，还起着过渡景观空间的作用，如图1-1-6所示。

图1-1-6　过渡景观空间的大门设计方案

四、体现景区特色功能

大门的建筑风格一般能够体现景区的风格和特色。大门能通过自身的尺度、风格、色彩、形态将景区的特色、核心内容和品质传达给游客，是景区具有代表性的特色建筑，如图 1-1-7 所示。

（a）常州市淹城春秋乐园大门

（b）海阳市地雷战景区大门

图 1-1-7　极具特色的景区大门

五、服务功能

大门除具有上述功能，也会与其他功能建筑相结合，如与安保、售票、查票等服务功能相结合，如图1-1-8所示。

图1-1-8　紫颐·香薰山谷大门

第二节　大门的设计要点

大门是游客进入景区的第一展示点，也是景区赋予游客最直观感受的第一印象区，不仅具有防御、标志、空间组织等使用功能，还具有文化表征、美化景区以及反映景区主题的功能。

大门的设计既要符合实用功能，还要注意突出景区主题，增加景观和视觉的多样性，同时保持与景区建筑物及周围环境的和谐、统一。

一、位置的选择

大门是建筑群体空间序列的起点，其位置的选择极其重要。首先要考虑景区整体规划以及与周边主要道路的总体位置关系，其次要考虑大门与周围居民点、公共设施等场所的位置关系。大门的主要出入口多位于城市主干道一侧，较大规模的景区还应在其他位置设置次要出入口，以方便景观布局、游览路线及交通流线的要求。

交通游览路线是影响大门位置的主要因素之一。由于一些景区规划范围较广，大门应选择在景区的主要交通枢纽处，并结合自然环境，分区组织路线，以满足人流及车流的集散要求。

二、组织交通路线

大门在设计时要靠近人们的主要活动区，使人流、车流方便出入，集散迅速、安全，与整个景区保持有机联系。

大门建筑要考虑人流、车流的组织，应根据人流量及集散需求设计大门的宽度，同时应设计人车分流，避免相互干扰。大门一般供 1～3 股人流通行即可，单股人流宽度为 0.6～0.65 m。同时还应考虑至少 2 股车流并行，设计宽度不小于 7～8 m。

三、与周围环境的对比与统一

面对层次丰富的景观环境，大门在设计时应该顺其自然，因势利导。当大门处于大自然中时，应运用对比手法将大门从环境中强调出来。常见的处理手法有色彩对比、造型对比。在强调对比的同时，大门与周围环境的协调也不能忽视。大门的体形、轮廓、形式、色彩等应与周围环境相协调，互相交融、互相渗透，如图 1-2-1 所示。

图 1-2-1　兰州市丹霞景区"杏花村"大门设计方案

圣·奥古斯丁曾说，美是各部分的适当比例，再加一种悦目的颜色。比例主要表现为整体或部分之间的长短、高低、宽窄等关系，是理性、具体、相对的。而尺度是平面或者空间中的物与人之间进行比较，带给人的主观感受，尺度是感性、抽象的。大门自身比例与尺度是否得当，对表现其艺术效果有着至关重要的影响。在考虑大门自身比例的同时，也应考虑大门与周围景观环境相适宜的比例与尺度。合理的比例与尺度有助于刻画景观环境和体现景观规划区的规模。

四、凸显主题特色，呼应内涵意境

凸显主题特色是指通过提炼景区中最具特色的文化元素和文化特征，将传统与现代、外来与地域、乡土与时代结合，传达景区的主题及意境。因此，在门景设计中，应以大门衬托景区主题，起到造势的效果，再通过大门风格点出该景区的主题内容，如图1-2-2所示。

图1-2-2　韶关市丹霞山大门（凸显了文化主题）

其他景区大门

雅鱼村

【复习思考题】

1.景区大门有哪些功能？

2.在设计景区大门时要注意哪些要点？

3.不同类型的景区大门在设计时主要考虑什么因素？

4.大门的材质一般有哪些？

第二章　停车场设计

第一节　停车场

随着时代的发展和城市现代化水平的提高，汽车已经成为人们生活中不可或缺的交通工具。配建停车场又称建筑物附设停车设施，是建筑规划中的一项重要内容。

一、停车场出入口设置

停车场出入口设置应主要考虑与停车场出入口连接道路的等级、停车场停车数量、高峰小时驶出率以及停车场出入口处动态交通流量的组织等情况。停车场出入口的设置要求有以下两点：

（1）少于 50 个停车位的机动车停车场（库），可设一个出入口；有 50～300 个停车位的机动车停车场（库），应设两个出入口；大于 300 个停车位的机动车停车场（库），出口和入口应分开设置，两个出入口之间的距离应满足视距要求。

（2）公共停车场（库）出入口不宜直接与城市干道连接。距公交车站应不小于 20 m；距城市地铁出入口、人行横道线、人行过街天桥、人行地道、隧道引道端点、桥梁引道端点，应不小于 50 m；距主要道路交叉口应不小于 80 m。建设项目沿城市道路最长边长度小于上述规定距离时，经主管部门核准，可在适当位置设置出入口。

二、停车场的设计要求

（1）车位基本尺寸。当汽车垂直式停放时，车位的长、宽和中间通道宽度一般为 5.3 m、2.5 m 和 6.0 m。

（2）通道的最小转弯半径。我国对停车场的最小转弯半径有较明确的规定。根据《停车场设计规范》提出的建筑标准，停车场的最小转弯半径一般不小于 6.0 m，这样才能满足车辆行驶和转弯的要求。

（3）最大纵坡。一般情况下，停放小型汽车的地下停车库的纵向直线坡度最大不超过15%，曲线纵向坡度最大不超过12%。当坡道的纵向坡度超过10%时，为了防止车辆底盘在变坡处与地面磕蹭，应在坡道上、下端设"缓坡段"，缓坡段长度一般为3.6～6.0 m，坡度为坡道纵坡的1/2。

三、车辆的停车方式

车辆的停车方式应根据停车场的地形条件，以占地面积小、疏散方便、保证安全为原则进行规划。常见的停车方式如图2-1-1所示。

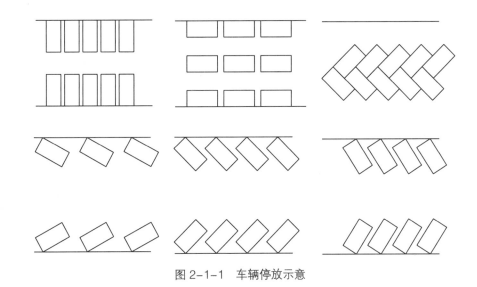

图 2-1-1　车辆停放示意

（1）垂直停放：垂直停放是常见的停车方式，分为后退停车前进发车和前进停车后退发车两种。

（2）平行停放：平行停放是一种常见的路边停车方式，适合停车带宽度较小的场所，一般通道宽度在3.8 m以上，停车位长度为7.0 m。

（3）交叉式停放：所有车辆斜向45°交叉排列，宜在场地受限时采用。

（4）30°倾斜停放：适用于车道狭窄的场所采用，但所需停车面积大，如为前进停车后退发车，通道宽度应在3.8 m以上。

（5）45°倾斜停放：整条车道无需太宽，且停车所需面积较小。

（6）60°倾斜停放：整条车道宽度增加，车辆出入方便，所需宽度在4.5 m以上。

四、生态停车场

生态停车场是景区交通系统的重要组成部分，停车场内的绿植除可以净化空气、阻挡沙尘、消弱噪声外，其中的乔木还能阻挡阳光暴晒车辆，降低车内温度。停车场的绿地分布应以不影响车辆的正常通行为原则，做到与周围环境的和谐、统一，如图 2-1-2 所示。

图 2-1-2　生态停车场

生态停车场绿化带的宽度一般为 1.5～2.0 m，其间合理布置大型乔木可以形成良好的生态环境。铺地应尽量选择植草砖，植草砖具有较强的抗压性，能经受车辆辗压，还能增加停车场的绿化面积。

第二节　残疾人停车位

为了加强无障碍环境建设，保障残疾人、老年人平等、充分、便捷地参与和融入社会生活，促进社会全体人员共享经济社会发展成果，弘扬社会主义核心价值观，我国积极采取措施推进无障碍环境建设，为残疾人、老年人自主安全地通行道路、出入建筑物以及使用其附属设施等提供便利。因此，在设计停车场时，应充分考虑残疾人等群体的停车需求，设置无障碍停车位。无障碍停车位指为肢体残疾人驾驶或乘坐的机动车专用的停车位，无障碍停车位内应有"残疾人轮椅"图案。

一、停车位的选择

残疾人停车位应尽可能设在建筑物的主要出入口附近，当条件不满足时，应在一般的停车场内设置残疾人专用停车位，或残疾人优先停车位。在设计停车位尺寸时，需考虑在车门全开状态下残疾人可以安全地从轮椅上换乘到汽车上的空间。另外，重度残疾人需要考虑护理人员的使用空间，所以停车位的最小尺寸应为 3.3 m×5.0 m。

二、步行过道

在设计停车场内的步行过道时，要注意让驾驶员能够看清过往的行人。轮椅使用者的高度较低，有时驾驶员通过反光镜也难以发现，因此在移动车辆的后部不宜设置步行过道。步行过道的有效宽度以轮椅使用者与步行者可以错身（1.35 m 以上）为宜。

三、专用停车位标识

残疾人专用停车位应与一般停车位有所区分，因此可在铺设的地面上涂残疾人车位标识。标识的大小应以驾驶员在低速驾驶汽车时能清晰分辨为准。

四、附属设施

设计人员需要在交通流线的处理、升降设备的设置、残疾人专用厕所的设计等方面做好配套服务。设计人员应当考虑残疾人、老年人的无障碍需求，视情况设置语音、大字、闪光等提示。停车场应配备必要的无障碍设备和辅助器具，为残疾人、老年人提供无障碍服务。

第三节　停车场铺地

在设计停车场铺地时应更多考虑铺地的实用性，如选用承载性高的铺地材料等。车辆通行空间的铺地材料一般选用坚固、具有较高承载性的混凝土、沥青以及花岗岩砌块等。目前，室外停车场较为生态的做法是利用植草砖进行停车场地的铺设。植草砖除具有要求的承载性外，还可增加一定的绿化面积，有效调节空间的小气候环境。

近年来，植草式铺地广泛应用于城市停车场及道路。植草式铺地的具体做法是采用渗水垫层结构，即在素土夯实后铺设 150 mm 的碎石垫层，再铺设 30 ~ 50 mm 厚的黄沙找平层，最后在上面铺设面层。如图 2-3-1 所示，面层可以用混凝土植草砖或者塑料植草格，在其空隙处覆土后种植耐践踏的草种。其中塑料植草格自重较轻，可以大面积种植草种，因而绿化效果较混凝土植草砖好。值得注意的是，植草式铺地虽然可以吸附地面尘土，涵养水分，取得较好的生态效果，但也有一定的弊病，并不是普遍适用的。第一，植草式铺地的整体性不强，如果停车场的车辆长期停放，会由于局部过度受压而产生平整度不好的问题，影响使用。第二，如果是昼夜服务的停车场，停放车辆周围的植物由于长期受压或者接受不到阳光，很容易衰败，景观效果反而不好。第三，草种的选择也应当慎重，既要耐磨、耐压又要便于保养、维护，不能任其肆意疯长。

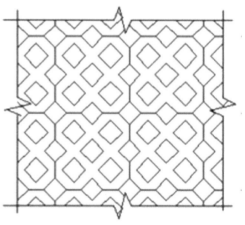

用处理过的高质量表层土填充空隙

植草砖
黄沙找平层
碎石垫层
素土夯实

图 2-3-1　植草式铺地示意及构造图

　　总的来说，停车场属于开放的公共空间的一种，其铺地要求平整。铺地材料可以采用具有较强承载力的连锁式混凝土砌块、塑料植草格等。另外，还可选用具有抵抗变形能力的透水式沥青、透水式混凝土。设计时应利用不同的铺地区分处理进口通道和出口通道，尽量避免进、出车辆的交叉。

其他生态停车场

【复习思考题】

　　1. 停车场的基本尺寸有哪些？试举例说明。

　　2. 在设置残疾人停车位时应注意哪些方面？

　　3. 如何理解生态停车场？

第三章 导视系统设计

导视系统设计是指能引导人行动的空间符号、图形、色彩和结构的设计。导视也称为指示，有着引导、说明等功能，是环境布局的重要环节，是引导受众准确、快速到达目的地的指示系统，对景区的交通流线、人流的分布、区域的划分等起着非常重要的作用。

第一节 标识牌的分类

标识一般由文字、标记、符号等要素构成，它以认同为基本标准，对提高公共空间环境的质量和效率起着不可或缺的作用。标识牌的材料较为广泛，常用的有玻璃、木材、石材、陶瓷、搪瓷、不锈钢以及其他金属、化学材料等，制作方法以印制、镂刻、喷漏、电脑喷绘为主。

标识牌一般包括总导览图、指示牌、景点介绍牌、温馨提示牌、警示牌等。

一、总导览图

总导览图是指在某一特定的环境中给使用者提供参考标准的标识，用来说明环境内个体间的地理位置及其关系，如全景导览图、方位图、楼层平面图等，如图3-1-1所示。

（a）成都市花乡农居景区
导游全景图设计方案

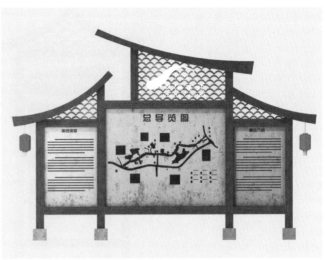

（b）泸州市尧坝古镇总导览图设计方案

（c）阿坝州黑水县红军文化广场
总导览图设计方案

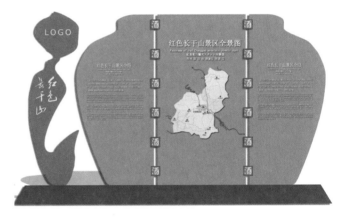

（d）仁怀市长干山景区全景图设计方案

图 3-1-1　景区总导览图

二、指示牌

指示牌是帮助使用者在陌生环境中发现路径和目的地所在的标识，广泛应用于航空港、地铁站、旅游景区、公园、商业街等公共场所，如图 3-1-2 所示。指示牌的设计应具有易读性、可视性，且置于适当的位置。

图 3-1-2　泸州市尧坝古镇指示牌设计方案

三、景点介绍牌

景点介绍牌是为了特定用途而设计的解释性标识，一般是针对较为特别的主题（如对地理特征、景点由来、古迹历史等）进行说明，如图 3-1-3、图 3-1-4 所示。景点介绍牌不仅能帮助使用者了解环境内的个体，而且好的景点介绍牌本身也是环境中的优秀视觉形象。

（a）四川泸州市尧坝古镇景点介绍牌设计方案

（b）仁怀市长干山景区景点介绍牌设计方案

图 3-1-3　景点介绍牌

图 3-1-4 成都市黄龙溪古镇景点介绍牌

四、温馨提示牌

温馨提示牌是提醒人们小心、谨防的标识，提示标语应使用温馨、委婉、使人容易接受的文字来表述，如图 3-1-5 所示。

图 3-1-5　温馨提示牌

五、警示牌

　　合理使用警示牌可极大减少人员伤亡和意外事故的发生，如河渠边、土坎边等存在危险因素的区域均应设置警示牌，如图 3-1-6 所示。

（a）成都三圣花乡·花乡农居警示牌

（b）黑水县达古冰川旅游景区警示牌

图 3-1-6　警示牌

第二节　标识牌的设计要点

一、设置地点

标识牌应设置在游客易于看见且不会破坏原有景观的位置。永久性的标识牌应设置于固定地点；若只是临时性的标识牌则可不进行固定，避免无法移除。设置标识牌时切勿将其置于自然景观之上，如将标识牌钉在树上，或将字刻在石头上；应将标识牌巧妙地与人工设施结合在一起。标识牌应根据用途、周围环境等因素选择最适当的位置设置。此外，标识牌的数量过疏过密均不宜，应根据实际需要决定设置数量。

二、形式、质材

标识牌的形状、高度、大小以及风格等应与设置区域的背景与性质相协调。在设计某一景区的标识牌时，应统一设计风格，使整个景区中的标识牌和谐、统一。在设计标识牌的过程中，还应根据各种材料的优缺点，视实际情况选用。

三、色彩

色彩作为标识牌最显著的外貌特征之一，能够迅速吸引人们的注意。在选择标识牌颜色时，应考虑标识牌的作用及是否与周围的环境相协调。标识牌的色彩选择应注意以下几点。

（一）统一性

标识牌的色彩基调应基本统一，尽量形成主题色调，否则会出现杂乱无序的色彩效果，影响信息的传达。

（二）丰宜性

如果色彩设计只强调统一，则会显得缺乏生气。人们由于长时间看不到色彩对比的变化会感到平淡乏味，因此在色彩面积、色相纯度、明度、光色、肌理等方面做有秩序、有规律的变化是必要的。

（三）国际性

目前，很多标识系统的色彩在国际上已经形成了一定的规范。比如，一般道路指示牌以蓝底白字为主，警示牌采用黄黑的搭配。

四、信息表达方式

标识牌上的信息可通过文字、图形符号表达，在设计时应尽量采用图形符号，不足处再利用文字补充。应使用大家已认定共知的图形符号，不要使用一些令人不解其意的图形符号。字体大小以希望游客在多远的距离能看清为准来确定。文字内容在警示牌中尤其重要，正确、简明、清楚是对文字内容的基本要求，并应依据所设定的目的，针对游客的心理感受组织用语。

五、维护管理

（一）时常擦拭

需定时清洁标识牌。

（二）整修、更换、撤除

在标识牌受到自然或人为的损坏时，会发生倾倒、破损、漆膜剥落等情况，发现后必须尽快整修。当标识牌损坏非常严重，或文字内容已不合时宜时，应及时予以更换或撤除。

其他导视系统

【复习思考题】

1.常见的标识牌有哪些?

2.设计标识牌时的注意事项有哪些?

3.请选择一个空间环境，为其设计一套完整的标识牌。

第四章　景墙设计

景墙具有风格多样、造型丰富的特点,在园林中常作局部主景使用,一般设置在入口、广场等位置。景墙在园林中常被用于分割空间、遮挡视线,同时也是增加景观、变化空间构图的手段。景墙外常安装浮雕,也经常和瀑布、跌水等水景结合起来设置。

第一节　景墙的分类

根据使用材料的不同,可将景墙分为现浇混凝土墙、预制混凝土砌块墙、砖墙、花砖墙、石面墙等。这些景墙结合树、石、建筑、花木等其他因素,以及巧妙处理墙上的漏窗、门洞等,可形成空间有序、富有层次、虚实相间、明暗变化的景观效果。

一、现浇混凝土墙

现浇混凝土墙的表面通过多种处理方式,如一次抹面、灰浆抹光、打毛刺、细剁斧、压痕处理、压痕打毛刺处理、改变接缝形式和削角形式、上漆处理、喷涂贴砖处理、刷毛削刮处理等,可以使现浇混凝土墙展现出不同的风格。英国 Walter Jack Studio 设计的现浇混凝土墙显得"丝滑柔顺",如图 4-1-1 所示。

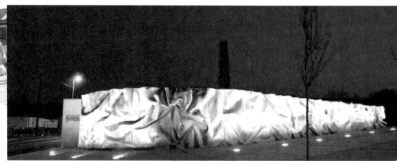

图 4-1-1　英国 Walter Jack Studio 设计的现浇混凝土墙

二、预制混凝土砌块墙

预制混凝土砌块墙使用的材料除混凝土外，还有各种经过处理加工的混凝土砌块。预制混凝土砌块墙造价低，在建造一些小型住宅时也常被用作刷毛削刮墙、贴面墙的基础墙体。北京市园艺博览会预制混凝土砌块墙如图 4-1-2 所示。

图 4-1-2　北京市园艺博览会预制混凝土砌块墙

三、砖墙

砖是砌筑用的人造小型块材，被广泛应用于建筑领域中。砖石建筑的发展交织着技术与艺术的灵光，记录着一个地区的建筑历史。现代建筑师们为了适应经济、生态及建筑方面的需求对其不断改良，造就了砖的现代感，使这种传统复古的建筑材料焕发出新的生机。砖墙的外观效果取决于砖的材质，部分取决于砖的组砌方式。砖墙常见的组砌方式有交叠式、英式、

雅安雅鱼文化体验园景墙

荷兰式等。另外，还可以将砖块凹进或凸出地堆砌，构成特殊的视觉效果。北京市宋庄镇小堡村砖墙如图 4-1-3 所示。

图 4-1-3 北京市宋庄镇小堡村砖墙

四、花砖墙

花砖墙是一种以混凝土墙作基础，铺以花砖的围墙。由于花砖本身的品种、颜色、规格，以及砌法多样，因此所筑成的花砖墙形态各异，可用作景墙使用。蓝花楹广场花砖墙如图 1-4-4 所示。

图 4-1-4 蓝花楹广场花砖墙

五、石面墙

石面墙是以混凝土墙作基础，表面铺以石料的围墙。石面墙表面多饰以花岗岩，或以毛石、青石作不规则砌筑。还有以石料窄面砌筑的竖砌围墙，以不同色彩、不同

层面处理的石料，构筑出形式、风格各异的围墙。青海囊谦县赞普博物馆石面墙如图
4-1-5所示。

图4-1-5　青海囊谦县赞普博物馆石面墙

第二节 景墙的设计要点

一、景墙的表现形式

石墙与混凝土仿生墙、复合式墙等在景墙设计中应用广泛，能激起人们对大自然的向往与追求，表现一定的园林意境。在设计景墙时，设计师可运用线条、质感和肌理、虚实等表现手法，结合工程实践创造出样式繁多的景墙。

（一）线条

线条的表现方式有多种，如水平划分，可表达轻巧舒展之感；垂直划分，可表达雄伟挺拔之感；矩形和棱锥形划分，可表达庄重稳定之感；斜线划分，可表达方向和动感；曲折线的划分，可表达轻快、活泼之感。景墙的线条如图 4-2-1 所示。

图 4-2-1 景墙的线条（美国波特兰坦纳斯普林斯公园艺术墙）

（二）质感和肌理

材料是景墙的物质载体，不同的材料带给人的感觉也不同。例如，花岗岩、大理石、页岩等材料筑成的景墙能够带给人一种浑厚刚劲、粗狂朴实的感觉；以竹子、藤蔓、板条、木材等材料为主筑成的景墙能够带给人一种柔韧、苍劲、亲和的感觉。苏州博物馆景墙如图 4-2-2 所示。

图 4-2-2　苏州博物馆景墙

（三）虚实

中国古典园林布局讲究 "通而不透、隔而不漏"，通过景墙的虚实运用能将功能与艺术相结合，创造出空间美感。景墙的虚实运用如图 4-2-3 所示。景墙与绿植、其他景观小品相结合，能让空间的层次更为丰富，如图 4-2-4 所示。

（a）中式园林中的虚实运用

（b）英国伯明翰城市公园景墙

图 4-2-3　景墙的虚实运用

（a）景墙正立面

（b）景墙侧立面

图 4-2-4　景墙与绿植、座椅的结合

二、设计要求

景墙一般设计在地形、地貌变化的交界处，景物变化的交界处和空间变化的交界处。景墙在设计时应注意以下几点。

（一）保证有足够的稳定性

景墙必须有足够的稳定性。影响景墙稳定性的因素主要有以下两点。

1.平面布置

景墙一般呈锯齿形错开或墙轴线前后错动、折线、曲线或蛇形布置，这些形式的墙体稳定性好。而直线形墙体的稳定性较差，若要使用，须增加墙厚或加设扶壁来加强其稳定性。

景墙常采用组合方式布置，如景墙与建筑、景墙与挡土墙、景墙与花坛的组合等，都可提高景墙的稳定性。

2.基础设计

除了平面布置，基础设计是否合理也是决定景墙稳定性的重要因素。基础的深度和宽度往往由地基土的土质类型决定。在普通的地基土上，基础深度为 45 ~ 60 cm 即可；地基土为黏土时，基础深度则要求达到 90 cm，甚至更深。当地基土质不均时，景墙基础可采用混凝土或钢筋混凝土。

（二）抵抗外界环境变化

1.抵御雨雪的侵蚀

景墙往往处于露天环境中，这就要求墙体从砌筑材料的选择和外观细部的设计上都应能抵御雨雪的侵蚀。

2.防止热胀冷缩的破坏

为避免受到热胀冷缩的影响，景墙应按要求设置伸缩缝，并使用胶黏水泥填缝。

（三）具有与环境相协调的造型与装饰

景墙以造景为第一目的，因此在进行外观设计时应处理好色彩、质感和造型的关系，既要体现不同的造型，又要表现一定的装饰效果。例如，在景墙上进行雕刻或者彩绘艺术作品；通过多种透空方式，形成框景，以增加景观的层次和景深；与喷泉、涌泉、水池等搭配，加上灯光效果，使景墙更有观赏性等。

第三节　挡土墙

挡土墙是指支承路基填土或山坡土体、防止填土或山坡土体变形失稳的构造物，它在园林建筑工程中被广泛应用。挡土墙的构造必须满足强度和稳定性的要求，同时考虑就地取材、结构合理、断面经济、施工养护方便与安全等方面。常用的重力式挡土墙一般由墙身、基础、排水设施、沉降缝与伸缩缝等部分组成。

一、挡土墙在园林设计中的作用

挡土墙是园林环境中重要的地上构筑物之一，它在园林景观设计中有着十分重要的作用。

（一）固土护坡，阻挡土体塌落

挡土墙的主要功能是在较高地面与较低地面之间充当土体阻挡物，以防止陡坡坍塌。当由厚土构成的斜坡坡度超过所允许的极限坡度时，土体的平衡即遭到破坏，发生滑坡与坍塌。因此，对于超过极限坡度的土坡，必须设置挡土墙，以保证陡坡的安全。

（二）节省占地面积，扩大用地面积

在一些面积较小的园林局部，当自然地形为斜坡地时，要将其改造成平坦地，以便能在其上修筑房屋。为了获得最大面积的平地，可以将地形设计为两层或几层台地，这时，上下台地之间若以斜坡相连接，则斜坡本身需要占用较多的占地面积，坡度越缓，所占面积越大。如果不用斜坡而用挡土墙来连接台地，就可以减少占地面积，使平地的面积更大些。可见，挡土墙的使用能够有效节省占地面积并扩大园林平地的面积。

（三）造景作用

由于挡土墙是园林空间的一种竖向界面，在这种界面上进行一些造型造景和艺术装饰，可使园林的立面景观显得更加丰富多彩，进一步增强园林空间的景观效果。因此，挡土墙还具有造景的作用。

（四）削弱台地高差

当上下台地地块之间高差过大，下层台地空间受到强烈压抑时，地块之间挡土墙的设计可以化整为零，分作几层台阶形的挡土墙，以缓和台地之间高度变化太强烈的矛盾。

（五）制约空间和空间边界

当挡土墙采用两方甚至三方围合时，就可以在所围合之处形成一个半封闭的独立空间，这种半封闭的空间能够为园林造景提供具有环绕性的外在环境。如西方文艺复兴后期出现的巴洛克式园林的"水剧场"，就是采用半环绕式的台地挡墙创造出的半封闭喷泉水景空间。

二、挡土墙的类型

根据挡土墙所处的环境条件、结构形式、施工方法、建筑材料等的不同，可将挡土墙进行分类。挡土墙按结构形式主要分为重力式挡土墙、悬臂式挡土墙、扶壁式挡土墙等。

（一）重力式挡土墙

重力式挡土墙是依靠墙体自重抵抗土压力、保持墙身稳定的一种挡土墙。该类型的挡土墙通常由块石、浆砌片石或素混凝土砌筑而成，一般不配钢筋或只在局部范围内配少量钢筋，因此墙体的抗拉强度较小，所需的墙身截面较大。重力式挡土墙靠近填土的一侧为墙背，墙背与墙基的交线为墙踵；另一侧为墙面，墙面与墙基的交线为墙趾，如图 4-3-1 所示。重力式挡土墙具有结构简单、施工方便，能够就地取材等优点，在土建工程中被广泛采用。

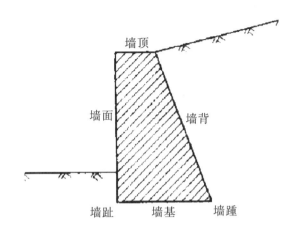

图 4-3-1　重力式挡土墙结构示意图

按墙背倾斜方向可将重力式挡墙分为仰斜、直立、俯斜三种形式。根据土压力理论，俯斜式挡土墙所受的土压力最大，直立式挡土墙次之，仰斜式挡土墙所受土压力最小。

（二）悬臂式挡土墙

悬臂式挡土墙是依靠墙身自重和地板以上填土的重力来维持稳定的挡土墙。由于挡土墙由钢筋混凝土制成，墙身立板在压力作用下受弯时，可由钢筋承担墙身内弯曲拉应力。因此，充分利用钢筋混凝土的受力特性、墙体截面较小是该类型挡土墙的优点。悬臂式挡土墙一般适用于墙高大于 5 m、地基土质较差、当地缺少石料的情况，多用于市政工程及贮料仓库。

（三）扶臂式挡土墙

当悬臂式挡土墙高度大于 10 m 时，墙体立壁挠度较大，为了增强立壁的抗弯刚度，可沿墙体纵向每隔一定距离设置一道扶臂，故称为扶臂式挡土墙，

三、挡土墙的设计要点

（一）结构设计

（1）挡土墙设计通常要遵循墙型选择、作用在挡上墙上力系计算、墙身强度及稳定性验算、墙后排水措施、墙后填土质量要求及绘制施工详图等设计程序要求。

（2）墙体必须设置排水孔。一般每 3 m² 的墙体上设置一个直径为 75 mm 的硬聚氯乙烯管口，同时，墙体内应敷设成片的合成树脂集水垫和渗水管，防止墙体内存水。

（3）不同墙体的膨胀缝设置间隔不同。无钢筋混凝土墙体的设置间隔为 10 m，钢筋混凝土墙体的设置间隔为 3 m。同时，为防止钢筋混凝土出现裂缝，应每隔 10 m 设置一条 V 形缝。

（4）如用地内有需保护的树木，应选用锥形石砌挡土墙等坡面式挡土墙，以防混凝土挡土墙的 L 形或 T 形基座切伤树根。

（5）如果混凝土挡土墙的墙面较大，可利用模板将墙体加工成砌块砌筑。

（6）修筑卵石砌挡土墙时一般选用直径在 20 cm 以上的石料。

（二）造型设计

1. 宜低不宜高

若高差在 1 m 以内的台地，完全可以处理成斜坡台阶而没有必要做成挡土墙，斜坡之上可种植绿植；当高差过大导致放坡困难时，也可在其下部设台阶式挡土墙，上部仍用斜坡过渡。这样既可保证土坡稳定，同时也可降低挡土墙的高度，节省工程造价。

2. 宜零不宜整

当台地落差较大时，不可只图施工上的简单方便而建成单层的整体挡土墙。为解决这种大挡土墙的庞大笨重感，应遵循化整为零的原则，分成多阶层的挡土墙修筑，中间跌落处可设平台进行绿化装饰。多阶层挡土墙如图 4-3-2 所示。

图 4-3-2　多阶层挡土墙

3. 宜缓不宜陡

落差较大的台地若设成普通的垂直整体挡土墙还有一个缺陷，就是由于人的视角所限，较高的挡土墙会产生强烈的压抑感，而且挡土墙顶部的绿化空间往往超越人的视点而不可见，若在地形条件许可的情况下将其做成有一定倾斜角度的斜面挡土墙，则可使空间显得开敞明快。斜面挡土墙如图4-3-3所示。

图4-3-3 斜面挡土墙

4. 宜曲（折）不宜直

在某些空间环境中，曲线造型比直线造型更能吸引人的视线，能展现一种柔和舒美的感觉。如露天剧场、音乐池座、室外活动场等，其挡土墙便可化直为曲或折线形，形成折板、拱形或弧形挡土墙台阶，以其动感、流畅的态势迎合特定的环境。曲线挡土墙如图4-3-4所示。

图 4-3-4　曲线挡土墙（西班牙格兰纳达的 ERAS DE CRISTO 公共空间）

【复习思考题】

1. 景墙的种类有哪些?
2. 在设计挡土墙时应注意哪些方面?

第五章　休息空间中的景观小品

休息空间中的景观小品主要有坐具、亭、景观平台、廊架等，它们是公共环境中常见的基本设施，也是景观构筑物和景观设施中最实用的部分。

第一节　坐具

景观坐具是公园、广场、校园和商业区等地方不可或缺的设计元素，它们不仅是城市景观的一部分，同时可以让人们更好地休息和放松。一个漂亮、舒适的坐具可以给人们留下深刻的印象，也可以成为城市魅力的象征。坐具可以提高城市的基础设施水平。一个经过精心设计的坐具既可以满足人们的休闲需求，也可以为城市提供必要的基础设施。

坐具常见的制作材料有木材、石材、混凝土、金属、陶瓷、合成材料等。在设计时应根据使用功能和环境来选用相应的材料和工艺，并按照各地区的风俗习惯、地域特点等设计不同风格的坐具。

一、坐具的分类

（一）按设置类型分类

坐具按设置类型可分为单体型、线型、转角型、围绕型、群组型和台阶型。

1.单体型坐具

在人流量大且不宜长时间停留处，可利用环境中的自然物与人工物，如石墩、木墩、路障等设置单体型坐具。使用单体型坐具时人们可向背而坐，具有一定的私密性，有效避免人与人的互相干扰。单体型坐具如图 5-1-1 所示。

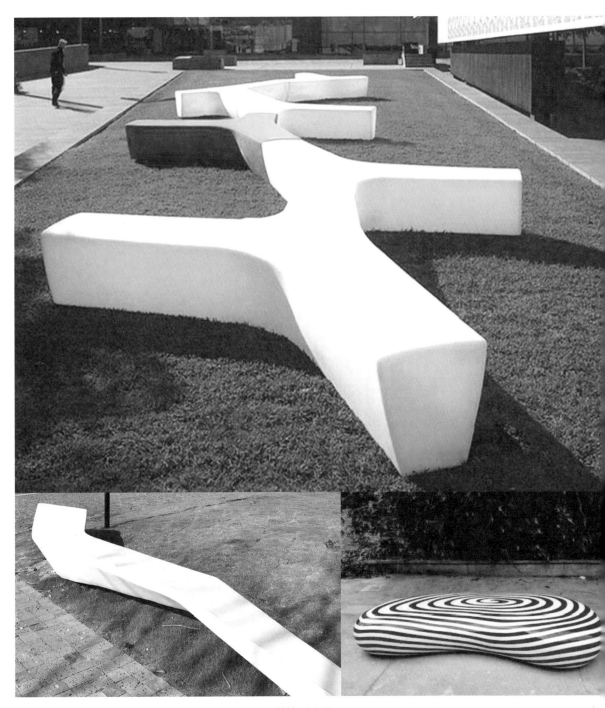

图 5-1-1 单体型坐具

2. 线型坐具

线型坐具一般为基本的长椅形式，左右交流的人可以自由地转身，使用者的互动距离一般为 120 cm。线型坐具如图 5-1-2 所示。

图 5-1-2　线型坐具

3. 转角型坐具

转角型坐具便于人们的双向交流，同时避免腿部互碰，适合多人的互动。转角型坐具如图 5-1-3 所示。

图 5-1-3　转角型坐具

4. 围绕型坐具

围绕型坐具不利于人们的互动交流，当使用人数较多时，容易造成使用者的身体碰触。围绕型坐具如图 5-1-4 所示。

图 5-1-4　围绕型坐具

5. 群组型坐具

群组型坐具具有丰富的空间形态，适宜不同人群的活动需要。群组型坐具如图 5-1-5 所示。

图 5-1-5　群组型坐具

6.台阶型坐具

台阶型坐具是利用景观地形的高差构筑的功能性景观设施，或者面对露天看台形成的台阶型座椅，具有解决场地高差和满足人们休闲、观看的双重功能，如图 5-1-6 所示。

（a）德国汉堡防洪河堤的台阶型坐具

（b）附加于台阶上的坐具

图 5-1-6　台阶型坐具

（二）按坐具的形态分类

坐具根据其形态大致分为单座型坐具和连座型坐具。

1. 单座型坐具

单座型坐具又分为座凳和座椅两种形式。一般多设置于广场、公园及住宅区，少部分设置于街道。它不仅供人们休息，也广泛用于户外餐饮空间，成为环境设施的重要组成部分。

　　座凳在中国、日本及近中东地区使用较多，具有东方色彩；座椅以欧洲为中心的地区使用较多。座凳与座椅相比，无靠背、扶手，面积较小，无方向性，具有极强的实用性，单座型坐具如图 5-1-7 所示。

（a）悉尼达令港公共空间的单座型坐具

（b）美国格兰岱尔市国际象棋公园的单座型坐具

图 5-1-7　单座型坐具

单座型坐具的尺寸要求。一般座面宽为 40～45 cm，相当于人的肩宽度；座面的高度为 38～40 cm，以适应人体脚部至膝关节的距离；附设靠背的座椅的靠背长为 35～40 cm；供人长时间休息的长椅，靠背斜度应较大，一般与座面斜度为 5°。体育场看台座席一般宽约 25 cm，座面高 40 cm，如设靠背，背长约 20 cm。游乐园、广场等处的休息凳（兼止路设施）尺寸一般较小，高 30～60 cm，宽 20～30 cm，深 15～25 cm。

2.连座型坐具

连座型坐具一般以 3 人为额定形态，也有多人形态，如图 5-1-8 所示。人们在使用连座型坐具时常常受到心理反应方面的影响。如两人座的连座型坐具，1 人就座后，别人就不愿意使用，经常出现 2 人座仅 1 人使用的情况。3 人用连座型坐具具有较广泛的实用性，适合于 2 人及多人同时使用，能增加使用者的亲密感。

图 5-1-8　连座型坐具

二、坐具的设置

坐具的设置应满足人的活动规律和心理需求,从人们在环境中的活动规律和心理角度研究,使用者常产生避免与不相识的人同席的心理倾向。当使用者逐渐增加,座席显得拥挤时,人们会下意识地保持个体距离和非接触领域。为此,在坐具的设置、造型、数量设计上都要形成一个领域,让休息者在使用时有安全感和领域感。如在候车站等公共场所,休息座椅应尽可能保持一定数量,并以单体连接型设置较适当;在公园、广场、小区等休闲区,坐具常设置在背靠花坛、树丛或矮墙,面朝开阔地带,构成人们的休息空间;沿街设置的坐具以不影响道路交通为原则,尤其在人行道上要留有充足的步行空间,同时不可占、压盲道等。不同坐具形式对使用行为的影响,如图 5-1-9 所示。

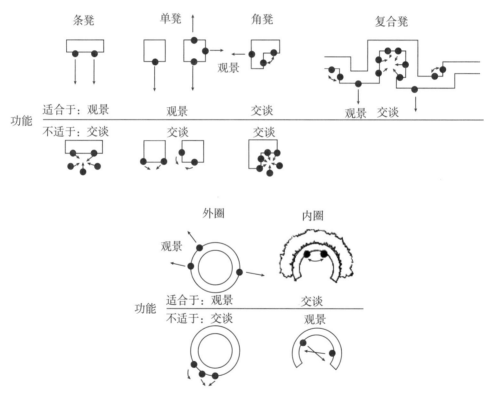

图 5-1-9 不同坐具形式对使用行为的影响

坐具在设置时应注意以下两点:

(1)坐具应结合植物、雕塑、花坛、水池设计成组合体,并充分考虑与周围环境和其他设施的关系,与周围环境协调,如图 5-1-10 所示。

图 5-1-10 与周围环境协调的坐具

（2）坐具应坚固耐用，不易损坏、积水、积尘，有一定的耐腐蚀、耐锈蚀的能力，便于维护。在坐具表面处理上，可使用喷漆工艺，使坐具具有良好的视觉效果。

第二节 亭

亭是一种中国传统建筑，多建于路旁，供人们休息、赏景所用。亭一般为敞开性结构，四周没有围墙且多数为斜屋面，具有体量小巧、结构简单、造型别致、选址灵活等特点。亭在选择修建位置时要考虑两方面因素：其一，亭是供人游憩的，不但能遮风避雨，还要有良好的观景条件；其二，亭建成后能成为景观的重要组成部分。所以在设计亭时要与周边环境相协调，起到点睛的作用。

一、亭的分类

亭一般可分为传统园林中的亭和现代景观亭。

（一）传统园林中的亭

（1）从平面形式来看，亭可分为正多边形亭、不等边形亭、曲边形亭、半亭、双亭、组合亭及不规则形亭等，如图5-2-1所示。

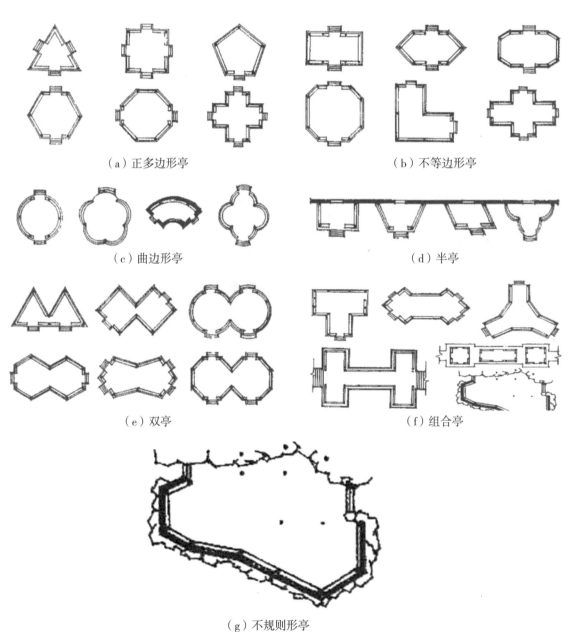

（a）正多边形亭　　　　　　　　　　　　（b）不等边形亭

（c）曲边形亭　　　　　　　　　　　　（d）半亭

（e）双亭　　　　　　　　　　　　（f）组合亭

（g）不规则形亭

图5-2-1　传统园林中的亭的平面形式

（2）从建筑屋檐的形式来看，亭可分为单檐亭、重檐亭、三重檐亭等。

（3）从亭顶的形式来看，亭可分为歇山顶亭、攒尖顶亭、卷棚顶亭、盔顶亭等，如图 5-2-2 所示。

（a）歇山顶　　　　　　　（b）攒尖顶　　　　　　　（c）卷棚顶

（d）组合亭顶　　（e）庑殿顶　　（f）盔顶　　（g）十字歇山顶

（h）盝顶　　（i）重檐攒尖顶　　（j）攒尖套方顶　　（k）扇面顶

图 5-2-2　亭顶的形式

（4）亭可以位于山间、水畔或平地，根据亭所处位置，可分为山亭、沿水亭、平地亭等。

①山亭。当亭设于山顶或山脊时，眺望周围的风景，拙政园的雪香云蔚亭就建于凸起的岛山之上，很好地形成了端景，如图 5-2-3 所示。

图 5-2-3　山亭（雪香云蔚亭）

　　在山腰设亭时可供游人歇脚，但要注意设亭处是否具备眺望条件。

　　山顶设亭作用更大，在平缓的山顶设亭能起到助长山势的作用。山亭可起到提示作用，它常常位于最好的观景点上，能让游人更好地欣赏美景。

　　②沿水亭。沿水亭不仅能供游人更好地观赏水景，还能点缀、丰富水景。当亭完全位于水面之上时，应尽可能贴近水面，使亭有漂浮于水面之感。临水的亭，其体量应视水面的大小而定。当水面不大时，沿水亭的体量也相对较小；当水面较大时，沿水亭的体量要大，还可与廊、桥组合布置。沿水亭如图5-2-4所示。

（a）三面临水的沿水亭

（b）苏州留园四面临水的湖山真意亭

图5-2-4　沿水亭

　　③平地亭。平地亭视点低，为避免平淡、闭塞，要结合周围环境形成一定的景观效果。平地亭一般不设在通车干道上，多设在路一侧或路边的林荫之间，作为赏景、观景之地，如图5-2-5所示。

图 5-2-5 平地亭

平地亭除要结合周围环境，自身的造型和空间的塑造也非常重要。平地亭可让行人容易到达，并且可使用的时间也比较长，这是山亭、沿水亭因所处环境限制而不易做到的。

（二）现代景观亭

现代景观亭多位于道路、节点中的重要部位（如广场、场地中心、转折点、风景序列的入口、水边等），或者在道路一侧与其他素材构成独立小景。根据设计风格，现代景观亭可分为新中式亭、仿生亭、生态亭、解构组合亭、新材料结构亭、现代创意亭、智能亭等。

1. 新中式亭

新中式亭是用现代的设计理念创作的传统亭。新中式亭在比例和形式上以传统亭为

63

模板，在结构上做简化，再通过材料和细部设计进行创新，如图 5-2-6 所示。

图 5-2-6 新中式亭

2. 仿生亭

仿生亭即以模拟生物界自然物体的形体及内部组织特征而建造的亭，是仿生建筑的一种。模仿树的生长所设计的仿生亭如图 5-2-7 所示。

图 5-2-7　仿生亭

3. 生态亭

根据所处环境，采用对生态环境没有破坏的技术与材料建造的亭称为生态亭。生态亭的材质可循环利用，符合环保要求，而且在形象上具有现代感，如图 5-2-8 所示。

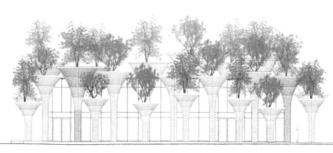

图 5-2-8　生态亭

4. 解构组合亭

解构组合亭指用解构的手法将亭的构成元素重新组合，并进行变构而形成亭的新的形式。例如，将规则的圆形亭顶打散重组后形成了极具后现代感的景观亭，如图 5-2-9 所示。

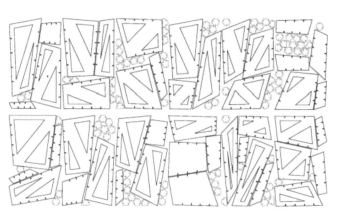

（a）罗马尼亚 ZALL 亭　　　　　　　　　（b）罗马尼亚 ZALL 亭制作布局
（由 746 个单独个体组装）

图 5-2-9　解构组合亭

5.新材料结构亭

新材料结构亭是一种集建筑学、结构力学、材料力学与计算机技术为一体的新型景观建筑，如钢结构与张拉膜相结合的景观亭。此外，玻璃、PVC 等现代建筑材料也常用于新材料结构亭的建造，如图 5-2-10 所示。

（a）由铝片建造的亭（美国）

（b）镜面亭（荷兰）

（c）钢结构亭（西班牙）

（d）麦德林植物园钢木结构亭（哥伦比亚）

（e）由玻璃建造的公共候车亭（奥地利）

（f）由金属与石材建造的亭（意大利）

（g）由复合材料建造的亭（德国）

图 5-2-10　新材料结构亭

6.现代创意亭

设计师为追求现代及后现代风格，通过大胆夸张的想象，结合现代构成理念，将同一元素根据空间雕塑结构编排成为现代创意亭。美国亚特兰大自由公园中由 400 个木制椅子排列组成的现代创意亭如图 5-2-11 所示。

图 5-2-11　现代创意亭

7.智能亭

智能亭指结合现代信息技术、网络技术，或结合声、光、电技术设计的亭。带有触屏及可连接 WiFi 的多功能上网亭（法国巴黎的智能数字站）如图 5-2-12 所示。利用太阳能充电，通过 USB 端口或标准的电源插座和电气设备，为笔记本电脑、手机、电动自行车充电的太阳能充电亭如图 5-2-13 所示。

图 5-2-12　多功能上网亭

图 5-2-13　太阳能充电亭

二、亭的设计要点

（一）亭的造型

亭的造型主要取决于其平面形状、平面组合及屋顶形式等。亭的设计形式、尺寸、题材等应与所在公园、景观相配套，某公园中心亭如图 5-2-14 所示。此外，设计师也可以根据设计主题来确定亭的形式及色彩，如美国拉斯维加斯城市公园中的主题亭（见图 5-2-15）。

图 5-2-14　某公园主题亭

（a）透视图

（d）局部图

（b）俯瞰图

（e）设计图

（c）夜景图

图 5-2-15　美国拉斯维加斯城市公园中的主题亭

（二）安全性

亭的大小要因地制宜，充分考虑风、雪荷载等环境因素的影响。亭外部结构可采用中粗立柱，在增添安全性的同时也能带给人们沉稳感。

第三节　景观平台

一、景观平台

景观平台是人们观赏风景的场所，既可以是纯自然的驻足之处，也可以是在某一地点为观赏风景所建造的人工建筑物、构筑物。设计师为了把景观平台与自然景观更好地融为一体，在设计景观平台时应注重与景观环境的协调性和融合性，并将当地的特色文化和人文思想融入设计理念，打造成独具特色的景观窗口。阿坝州理县西山村景观平台设计图如图 5-3-1 所示。

景观平台设计的关键在于选址，设计师通过景观评价技术深入挖掘当地景观资源，在旅游路线上选择能欣赏到该地区最具特色、最优美的风景地点，以提供给观者良好的景观空间。景观平台按建筑特点可分为平台式、挑台式、梯田式和塔台式，如图 5-3-2 至图 5-3-5 所示。

图 5-3-1　阿坝州理县西山村景观平台设计图

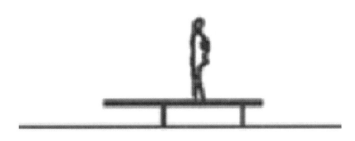

图 5-3-2 平台式景观平台

图 5-3-3 挑台式景观平台

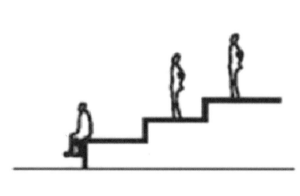

图 5-3-4　梯田式景观平台

图 5-3-5　塔台式景观平台

二、景观平台的设计要点

根据景观特点，景观平台还可分为观山型、亲水型、人文型三大类。

1.观山型

观山型景观平台应选择在视野开阔的地点建造，如图 5-3-6 所示。

图 5-3-6 观山型景观平台

2.亲水型

亲水型景观平台应建造在景观优美、便于近距离观赏水体的位置，让观者能近距离地感受到自然美景，如图 5-3-7 所示。

图 5-3-7 亲水型景观平台

3. 人文型

人文型景观平台应突出地方文化特色。在造型设计上，这类景观平台可融入地方人文元素，为沿线区域带来良好的经济效益，如图 5-3-8 所示。

图 5-3-8　人文型景观平台

第四节　廊、花架

廊的主要作用在于联系建筑和组织行人的路线，此外还可以使空间层次更加丰富多变。花架可为攀缘植物提供生长空间，也可以作为景观通道。

一、廊

廊是联系景观空间的一种通道式建筑，同时又是组织游览、庇荫休息、划分空间层次的建筑小品。廊通常为"线"的形态，在景观中具有联系的功能，可构成空间和交通上的联系，也可用来围合和分隔空间，增加空间层次。同时，廊的形态自由、通透开畅，亦可独立成景。北京谐趣园中的廊如图 5-4-1 所示。

图 5-4-1　北京谐趣园中的廊

（一）廊的基本类型

1.按廊的立面形式分

按廊的立面形式，廊可分为双面空廊、单面空廊、双层廊、单支柱廊、暖廊、复廊等。

（1）双面空廊。

双面空廊是最常见的一种类型，其两侧有柱无墙，均空透可以赏景，适用于景观层次丰富的环境，如图 5-4-2 所示。

图 5-4-2　纽约麦迪逊广场上镜面材质的双面空廊

图 5-4-3 现代景观中的单面空廊

（2）单面空廊。

单面空廊又称半廊，其一面开闭透空，另一面沿墙设各式漏窗门洞，常起美化墙面、增添景物层次的作用，如图 5-4-3 所示。

（3）双层廊。

双层廊又称阁道、楼廊，具有上下两层结构，可以联系不同高度的建筑或景观，创造多样的观景体验。双层廊布局可依山傍水，或高低曲折地回绕于厅堂、住宅之间，成为上下交通的纽带。如扬州何园的楼廊由半廊、复廊等各种形式的廊组成，运用灵活自然，巧而得体。

（4）单支柱廊。

只在中间或一侧设一排列柱的廊称为单支柱廊。这种形式的廊轻巧空灵，在现代景观中应用较多，如图 5-4-4 所示。

图 5-4-4 现代景观中的单支柱廊

（5）暖廊。

在廊的两侧柱间安装花格或窗扇，窗扇可以开闭，以适应气候的变化。这类廊多用于北方寒冷地区，作为联系建筑物之间内部空间的通道，可起到遮风挡雨的作用，但在景观园林中较为少见。

（6）复廊。

复廊又称里外廊，其是在空廊的中间加一道隔墙，两侧都可通行，形成两道并列的半廊。这类廊以隔为主，但多在隔墙上开设精美的漏窗，行于一侧可不断地观赏另一侧的景物。在园林中多布置在两侧景物特征各不相同的地段，作为景区的过渡，尤为自然。如沧浪亭的复廊设在水际山崖之间，怡园的复廊分隔东、西，都具有一定的代表性。

2. 按廊的平面形式分

按廊的平面形式，廊可分为直廊、曲廊、抄手廊、回廊等。

（1）直廊。

直廊的走势比较平直，较少变化，因此园林中的直廊大多较为短小。

（2）曲廊。

曲廊的形体曲折多变，设计师为追求游园时景致的多变性与道路的曲折性，在园中多设有曲廊。

（3）抄手廊。

抄手廊也称抄手游廊。抄手廊中的"抄手"二字，是指廊的形式如同时往前伸出而略呈环抱状的两只手，所以有人也称它为"扶手椅"式的游廊或U形走廊。抄手廊一般设在几座建筑之间，如在一座正房和一座配房的山墙处，往往用抄手廊连接。而且因为中国的建筑大多为对称布局，所以抄手廊也多因此呈对称式，左右各一。

（4）回廊。

回廊是回环往复形式的廊。它不像其他廊一样即使曲折也大体为直线，而是在曲折中又有回环。在园林中，回廊一般设置在建筑的周围，四面通达，使游人在建筑的四面皆可游赏观景。

3. 结合地形与环境分

结合地形与环境，廊可分为爬山廊、叠落廊、桥廊、水廊等。

（1）爬山廊。

顾名思义，爬山廊即建在山坡上的廊，它由坡底向坡上延伸，仿佛正在向山上爬，因此而得名。爬山廊因为建在山坡上，所以它的形体自然就有了起伏，这样一来，即使爬山廊本身没有曲折变化，也会是一道美妙的风景。有了爬山廊，游人可以更为方便地上山坡。同时，爬山廊也将山坡上下的建筑与景致连接起来，形成完整有序的景观。

（2）叠落廊。

相对于其他形式的廊，叠落廊看起来比较特别，它是以层层叠落的形式，层叠而上的，有如阶梯。即使叠落廊形体本身并没有曲折的走势，但因其层层升高的形式，所以自带一种高低错落之美。

（3）桥廊。

桥廊即桥梁上建的廊。桥廊可以美化桥身，也可以起到遮蔽风雨、遮挡烈日阳光的作用，还可供过往行人休息。

（4）水廊。

如果廊在园林中跨水或临水而建，即称为水廊。水廊能丰富水面的景观，不使水面景观过于单调。同时，它也能使水上空间半隔半连，形成曲折之势，更加富有意境。

总之，廊既不同于一般建筑的"实"，又异于自然的"虚"。如果将整个景观比作"面"，其他建筑看作"点"，廊就在中间起着连接"线"的作用。

（二）廊的设计要点

在进行廊的设计时，要注意以下几个方面。

1. 平面设计

根据廊的位置和造景需要，选择合适的平面造型。

2. 立面设计

廊作为供游人休息赏景的建筑，需要开阔的视野，应突出"虚实"的对比变化。廊又是景观的一部分，需要融入自然环境之中。

3. 体量尺度

廊从空间上分析，可以说是"间"的重复。设计时要充分注意这种特点，做到有规律地重复，有组织地变化，以形成韵律、产生美感。

4. 运用廊分隔空间

在设计时可采用曲折迂回的方法来划分空间，但要注意曲直有度。

5. 出入口设计

廊的出入口一般布置在廊的两端或中部某处，出入口是人流集散的主要场所，因此在设计时应将其平面或空间适当扩大，以达到尽快疏散人流的目的。

6. 内部空间处理

廊是长形观景建筑，一般为狭长空间，尤其是直廊，空间显得单调，所以可把廊设计成多折的曲廊，可使内部空间产生层次变化；在廊内适当位置作横向隔断，在隔断上设置花格、门洞、漏窗等，可使廊内空间增加层次感和深远感；在廊内布置一些盆景，能增加游人的游览兴趣；将廊内地面高度升高，通过设置台阶丰富廊内的空间变化。

7.结构及材质

廊可以采用木结构、钢结构、钢木组合结构、钢筋混凝土结构、可再生材料、塑料防水材料、金属材料等，应结合具体环境进行设计，如图 5-4-5 所示。

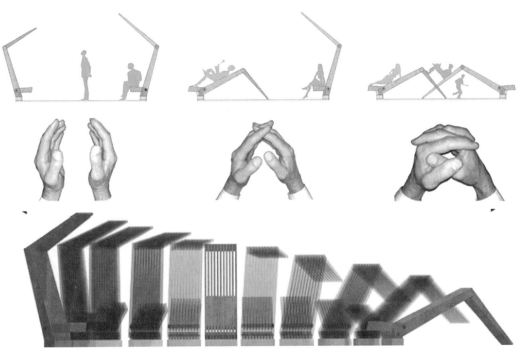

（a）设计概念

（b）效果图

图 5-4-5　现代木结构廊

二、花架

花架又称绿廊、花廊、凉棚，主要由立柱和顶部的格条构成，是一种能使藤本类植物攀缘的景观小品。花架不仅可以供行人休憩赏景，还具有组织、划分景观空间，增加景观深度的作用。

花架的造型灵活、轻巧，能与亭、廊组合起来使空间变化更为丰富。

（一）花架的类型

根据选用的材料，花架可分为竹木花架、砖石花架、钢花架、混凝土花架、现浇钢筋混凝土花架、仿木花架等；根据其支撑方式，可分为立柱式、复柱式、花墙式；根据其结构受力形式，可分为简支式、悬臂式、拱门钢架式。在现代园林中，根据造型，花架可分为如下几类。

1. 梁架式花架

梁架式花架即人们通常说的"葡萄架"，其一般先立柱，再沿柱子排列的方向布置梁，在两排梁上垂直于柱列方向架设间距较小的枋，两端可向外挑出悬臂。供藤本植物攀缘的花架，在枋上还要布置更细的枝条以形成网格，如图5-4-6所示。

图5-4-6　梁架式花架

2. 半边廊式花架

半边廊式花架一半依墙而建，另一半以列柱支撑，上边叠架小枋。它在划分封闭或开敞的空间时更为自如。也可以在墙上开设景窗，以增加空间层次和深度，使景观意境更为含蓄深远，如图5-4-7所示。

图5-4-7　半边廊式花架

3. 单柱式花架

单柱式花架又分为单柱双边悬挑花架、单柱单边悬挑花架。单柱式花架很像一座亭，只不过顶盖为攀缘植物攀附所需的网格，如图5-4-8所示。

图5-4-8　单柱式花架

4. 圆形（异形）花架

圆形（异形）花架由数量不等的立柱围合成圆形或异形，从棚架中心向外成放射状，形式舒展新颖、别具风韵，如图5-4-9所示。

图5-4-9　圆形（异形）花架

5. 拱门钢架式花架

在花廊、通道处常采用拱门钢架式花架。人行于绿色的弧顶之下，别有一番意味。拱门钢架式花架部分有顶、部分化顶为棚，投影于地时效果更佳，如图 5-4-10 所示。

图 5-4-10　拱门钢架式花架

（二）花架的设计要点

（1）花架在设计时要保证结构的安全性，不易过高、过粗、过繁、过短，要做到轻巧、简单。

（2）花架的标准尺寸为：高 2.5 ~ 2.8 m，宽 3.0 ~ 5.0 m，长 5.0 ~ 11.0 m，立柱间隔 2.4 ~ 2.7 m。

（3）花架在设计时应确保有植物生长所需空间，四周不易闭塞，除少数作对景墙面外，一般均应开敞通透。

（4）因花架下会形成阴影，地面不应种植草坪，可用硬质材料铺砌。

萨尔茨堡 82 栋

（5）花架的设计常常同其他景观小品相结合。如可在花架下布置坐凳供人休息或观赏植物景色，半边廊式花架可在一侧墙面开设景窗。

【复习思考题】

1. 廊的设计要点是什么？

2. 花架的类型有哪些？

3. 请联系实际，谈谈景观设计中复廊的结构。

第六章　公共卫生类景观设施

第一节　垃圾桶

垃圾桶的主要作用是收集场所环境中被人们丢弃的垃圾，以便人们对垃圾进行清理、清运，从而起到美化环境、促进生态和谐的作用。垃圾的处理方式，不仅关系到环境的质量和人们的健康，还可反映该地区的文明程度和人们的素养。

一、一般垃圾桶

一般垃圾桶的高度为 50 ～ 60 cm，生活区使用的体量较大的垃圾桶高度为 90 ～ 100 cm。垃圾桶的设计要求有以下几点。

（一）便于投放垃圾

垃圾桶的开口形式应结合使用环境进行设计。垃圾桶的开口形式分为上开口、侧开口和斜开口，应以人们在距离垃圾箱 30 ～ 50 cm 时能轻易将垃圾投入其中为原则。特别是在人流量较大的场所，经常会出现有人将垃圾抛进开口的情况，故应尽量将开口设置得大些。

（二）便于清除垃圾

垃圾桶内一般设有可抽拉的内桶或方便更换的塑料袋。垃圾桶还应具有一定的密封性，以有效防止异味的散发。

（三）与环境的协调、统一

垃圾桶的形态、色彩、材质等所表现出来的特征，应与周围环境相协调。

二、分类垃圾桶

2007 年 4 月，我国出台了《城市生活垃圾管理办法》，城市生活垃圾应当逐步实行分类投放、收集和运输。根据国家制定的统一标志，生活垃圾被重新划分为四类，分别是可回收垃圾、不可回收垃圾、有害垃圾和其他垃圾。不同类型的垃圾应分别放入不同颜色、标识的垃圾桶中，这样做可有效保护环境，提高垃圾处理效率。

　　分类垃圾桶的设计应首先考虑其功能，然后考虑其制作材料，再考虑不同造型的材质、工艺、外观等因素。分类垃圾桶的标志和颜色应符合《生活垃圾分类标志》（GB/T 19095—2019）的规定，一般桶身的颜色通常为：蓝色（可回收物）、红色（有害垃圾）、绿色（厨余垃圾）、黑色或灰色（其他垃圾）（图6-1-1）。

图6-1-1　分类垃圾桶

第二节　旅游厕所

　　本节所指旅游厕所为旅游景区、旅游线路沿线、交通集散点、乡村旅游点、旅游餐馆、旅游娱乐场所、旅游街区等旅游活动场所提供给游客使用的公共厕所。旅游厕所常见的布局形式如图6-2-1所示。

图 6-2-1　旅游厕所常见的布局形式

一、通用要求

（一）数量与分布

厕所数量与分布应满足以下要求：

（1）应明确每个厕所的服务区域，如图 6-2-2 所示。相邻厕所的服务区域可重叠，厕所的数量与分布应符合相关规定，没有明显的服务盲区。

（2）以老人、孩子为服务对象的旅游场所，其厕所服务区域最大半径宜不超过 250 m，从厕所服务区域最不利点沿路线到达该区域厕所的时间宜不超过 5 min。

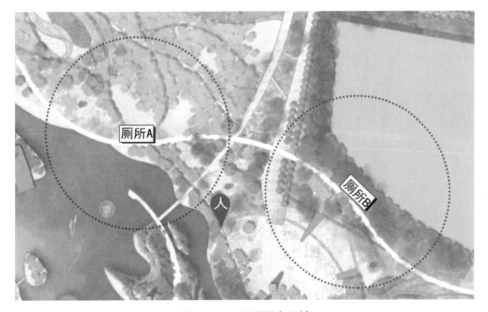

图 6-2-2　厕所服务区域

（二）整体设计

厕所整体设计应符合以下要求：

（1）厕所的建筑面积、厕位数量及布局应根据人流量设定，如厕排队等待时间宜不超过 5 min；在旅游区出入口、停车场等人流易聚集的地方，厕所的建筑面积、厕位数量及布局应考虑瞬时人流量承受负荷，厕所宜设多个出入口；旅游高峰期较短的景区可临时采用活动厕所补充厕位数量。

（2）厕所的外观与周边环境相协调。

（3）厕所应注意保护如厕人的隐私，并根据当地气候特点进行设计，如热带地区可采用开放式入口，寒冷地区则应考虑冬季保温需求。

（4）应选用对人体无害的建筑主体材料及装饰材料，防火性能应符合《建筑设计防火规范》（GB 50016—2014）的规定。

（三）厕位（间）

厕位（间）应满足以下要求：

（1）男女分区的厕所男女厕位比例（含男用小便位）不大于 2∶3。

（2）在瞬时人流负荷较大的区域（如停车场、旅游区入口等），厕所宜设男女通用厕间。

（3）坐、蹲位设置比例宜不小于 1∶5，男厕大小便位比例宜不小于 1∶2。

（4）大小便位中至少各设一个儿童便位，至少各设一个无障碍便位；当便位数量有限时，无障碍小便位和儿童小便位可设在一起。

（5）在以儿童旅游为主体的场所，应按照儿童数量比例增设儿童便位的数量。

（6）大便位隔断板（墙）上沿距地面高度应在 1800 mm 以上，下沿距地面高度应在 150 mm 以内。小便位隔断板（墙）上沿距地面高度应在 1300 mm 以上，下沿距地面高度应在 600 mm 以内，如图 6-2-3 所示。

图 6-2-3　厕位设计图

（7）每个厕位内应设手纸盒、衣帽钩、废弃手纸收集容器，宜设搁物板（台）。每个厕位内应设至少一个扶手，且位置合理，安装牢固。

（8）厕位（间）的门锁应牢固，可内外开启。

（四）便器

便器在设计上应符合以下要求：

（1）在具备上下水的条件下宜选择陶瓷便器（图6-2-4），陶瓷便器应符合《卫生陶瓷》（GB/T 6952—2015）的规定。

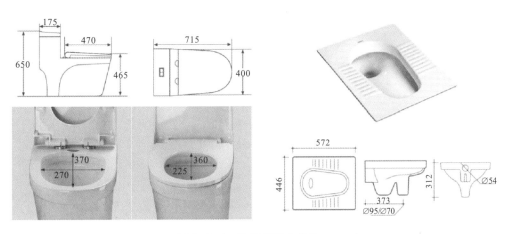

图6-2-4　陶瓷便器（单位：mm）

（2）在不具备上下水条件时可采用免水源卫生便器（图6-2-5），免水源卫生便器应符合《免水冲卫生厕所》（GB/T 18092—2000）的规定。

图6-2-5　免水源卫生便器

（3）可根据客源结构，配备智能马桶或加装智能马桶盖，如图6-2-6所示。

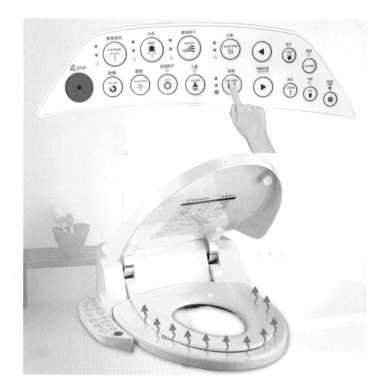

图 6-2-6　智能马桶盖

（五）配套设施

厕所配套设施应符合以下要求：

（1）厕所应设洗手盆和水龙头等洁手设备，宜配洗手液容器和干手设备。洁手设备若放在厕位内，则每个厕位都应配置。洁手设备与厕位数量关系见表6-2-1。无上水条件的厕所，洁手设备可采用雨水收集、干式净手器等新技术。

（2）厕所应设面镜。

（3）厕所根据地区气候宜提供降温和取暖设施。

（4）洗手区域应配置废弃物收集容器。

（5）应设置灭火设备。

（6）应配备必要的保洁工具。

表 6-2-1 洁手设备与厕位数量关系

厕位数量（个）	男洁手设备数（个）	女洁手设备数（个）
1～4	1	1
5～8	2	2
9～12	3	3
13～16	4	4
17～20	5	4
21 个以上	每增加 5 个厕位增设 1 个洁手设备	每增加 6 个厕位增设 1 个洁手设备
男女共用洁手设备数量 =（男洁手设备数 + 女洁手设备数）×0.8		

（六）室内设计

厕所室内设计应符合以下要求：

（1）厕所的通风设计应满足换气次数在 5 次 / 小时以上，应优先采用自然通风，寒冷地区宜设附墙垂直通道，当自然通风不能满足要求时可增设机械通风设备。

（2）厕所窗地面积比宜不小于 1：8。

（3）男女厕所可分开设置，也可设男女通用厕间。

（4）厕所室内地面铺装前应做防水，装饰面应采用防滑、防渗、防腐、易清洁建材。厕所内墙面应采用防水、防火、易清洁材料，室内顶棚应选用防潮、防火、易清洁材料。

（5）室内照明应符合《建筑照明设计标准》的规定，应选用节能、防潮灯具。

（6）为方便保洁，水冲式厕所厕位内地面宜与厕所内地面标高一致，采用新技术的厕所厕位内地面宜不超过室内地面标高 180 mm。

（7）管理间宜根据管理、服务需求设计，使用面积宜不小于 4.0 m²。

（8）工具间根据需求设计，使用面积宜不小于 1.0 m²。

（七）母婴卫生间

如设置母婴卫生间，应符合下列要求，平面布置如图 6-2-7 所示。

（1）母婴卫生间应符合《无障碍设计规范》（GB 50763—2012）的规定，可不再另设无障碍大便位。

（2）母婴卫生间内部设施应包括成人大便器、儿童大便器、儿童小便器、成人洗手盆、儿童洗手盆、可折叠的的多功能台、可折叠的婴儿座椅、安全扶手、挂衣钩和呼叫器。

（3）使用面积宜不小于 6.5 m²。

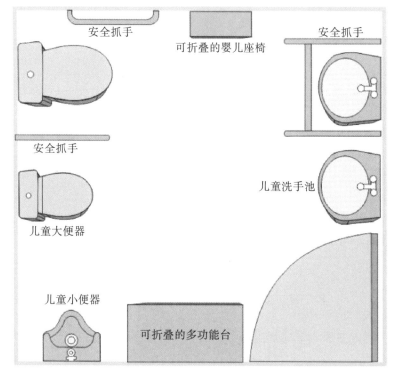

图 6-2-7 母婴卫生间平面布置

（八）男女通用厕间

男女通用厕间的功能及配置除应满足厕间基本要求外，还应满足以下要求：

（1）男女通用厕间在设置一个大便器的同时，宜加设一个小便器。

（2）应满足厕所照明、采光和通风的要求。

（3）男女通用厕间应注意隐私保护，厕间隔断板（墙）不互通。

（4）男女通用厕间净使用尺寸应不低于长 1.2 m、宽 0.9 m；厕间内同时设大小便器时，净尺寸应不低于长 1.4 m、宽 1.2 m。

（5）洁手设施可放在厕所的男女共用空间，也可放在男女通用厕间内部，放在厕间内部时厕位尺寸宜适当加大。

（九）给排水

厕所给排水应满足以下要求：

（1）旅游厕所的给排水及采暖管路的布置与安装应符合《建筑给水排水及采暖工程施工质量验收规范》的规定。

（2）给水管路进户前应设水表检查井，井内应设排空阀门；进户管道内径应不小于 50 mm，北方地区应采取防冻措施。

（3）排水管路出户后应设排水检查井，管路材质宜为 PVC，直径应不小于 160 mm。

（4）厕所地面应合理设置防腐水封地漏，确保地面无积水。

（十）标识及导向系统

厕所的标识及导向系统应满足以下要求：

（1）标识牌应采用标准图案，符合《公共信息图形符号　第 1 部分：通用符号》（GB/T 10001.1—2012）的规定，具有中英文对照（可根据客源分布情况增设其他文字），材质防腐、防眩光，安装位置醒目，易识别。

（2）厕所指向牌应指向所属厕所服务区域的厕所或沿不同方向距离最近的厕所，标明指向牌与厕所的路程。厕所夜间开放的，标识牌应昼夜可识别。厕所应有文明用厕宣传牌，文字、用语规范，宣传内容通俗易懂。

（3）男女厕所标识牌安装在男女厕所入口处，规格不小于 300 cm²；男女通用厕间的标识牌安装在厕门上部，规格不小于 100 cm²；无障碍厕间的标识牌安装在厕门外，规格不小于 300 cm²；母婴卫生间的标识牌安装在厕门外，规格不小于 400 cm²；厕所蹲、坐位标识牌宜安装在厕位门的中上部，规格不小于 60 cm²。以上标识牌长宽比例宜为 3∶2。

（4）旅游区重要节点处宜标明厕所的分布位置，有条件的旅游区可建智能导向系统。

（5）旅游厕所质量等级标识牌宜安装在厕所入口处的合适位置。

二、环境保护

（一）厕所的选址规划及建设

厕所的选址规划及建设应符合以下规定：

（1）厕所的选址和建设过程中不应破坏文物古迹、自然环境、景观景点。

（2）任何污水和处理过的中水均不应排入以天然水为主题景观的水域。

（3）厕所的污水管道应经化粪池接入污水管网，不应接入雨水管、河道或水沟内。

（4）水冲厕所应建化粪池，化粪池的出口应接入污水管网，化粪池出口的水质应符合《污水排入城市下水道水质标准》（CJ 343—2010）的规定。

（5）不具备水冲厕所建设条件的，宜采用符合环保要求、维护方便、运行可靠的新技术来建设旅游厕所。

（6）采用新技术建设的厕所，需要建设排放物处置设施的，不应造成渗漏。

（7）不能经污水管道排放的污物应送至法规允许的处理场所（如粪便消纳站、粪便处理厂）进行统一处理。

（二）设备设施

厕所的设备设施选用应符合以下规定：

（1）宜选择节水型便器。

（2）洗手盆宜配节水龙头。

（3）照明及其他用电设备宜配有智能节电开关。

（三）运行要求

厕所的运行要求应符合以下规定：

（1）厕所各项管理制度中应体现对环境保护的重视。

（2）厕所使用的除垢剂、洗涤剂等会流入排污管的耗材应符合《洗涤用品安全技术规范》（GB/T 26396—2011）中 C 类产品的要求。

（3）在运送（包括人力、畜力、机械化运输）粪便污物时应不遗撒、不非法倾倒、不散发明显臭味。

三、管理与服务

（一）旅游厕所管理制度与文件应符合以下规定

（1）厕所验收资料、图纸或合格证等。

（2）职能部门设置、人员分工、技能培训投诉处理规定。

（3）清洁、检查、维修、排污等相关操作和运行记录。

（4）厕所的安全管理规范和突发事件（自然灾害、恶劣天气、疫情、突发疾病等）的应急预案。

（5）旅游景区淡旺季明显的，应有不同厕所管理方案；旅游旺季和人流高峰时段的如厕秩序管理方案，将部分或全部厕位调配给排队严重性别人群使用或增加活动厕所等；旅游淡季在满足使用的前提下可停用部分设施，停用区域应明确告示。

（6）厕所的卫生和清扫工具应符合《公共场所卫生管理规范》（GB 37487–2019）的规定。

（7）文明如厕宣传内容应文字规范、通俗易懂。

（二）信息服务应符合以下规定

（1）旅游厕所应在主流电子地图上进行位置标注并及时更新。

（2）厕所标识应满足游客的如厕引导、使用需求。

（3）厕所信息牌应信息清晰、完整、易识别。

（4）厕所二维码数字化管理有效。

（三）厕所的恶臭强度

厕所的恶臭强度应符合表 6-2-2 中小于或等于 2 的强度要求。

表 6-2-2　厕所恶臭强度同恶臭气体浓度及嗅觉感受的关系

恶臭强度	恶臭气体浓度 /ppm		正常嗅觉的感受
	NH_3	H_2S	
0	0	0	无味
1	≤ 0.1	≤ 0.0005	勉强能感觉到气味
2	≤ 0.6	≤ 0.006	气味很弱但能分解其性质
3	≤ 2.0	≤ 0.06	很容易感觉到气味
4	≤ 10.0	≤ 0.7	强烈的气味
5	≤ 40.0	≤ 3.0	无法忍受的极强的气味

注：1 ppm=1×10^{-6}

【复习思考题】

1. 公共卫生类景观设施主要有哪些？

2. 旅游厕所一般设在什么位置？

3. 旅游厕所内部设计需要注意的要点有哪些？

旅游厕所质量要求与评定

第七章 售货亭

售货亭（图7-1-1）作为一种"室外的房间"，可充分体现城市多元化空间的识别性，强化区域特色，成为环境空间的"点缀"。在设计售货亭时，除了要完善其服务功能，还应提高其美学价值，注意与周围环境及其他设施之间相互协调。近年来售货亭的数量不断增加，在车站、公园、小区内随处可见，极大地方便了广大市民的购物需求。

图 7-1-1 售货亭

一、售货亭的选材要求

（一）售货亭顶

售货亭一般采用镀锌钢板封顶，具有经久耐用、防水性好的特点。

（二）售货亭立柱

一般采用方形钢管拼接，表面喷涂金属漆。

（三）售货亭框架

售货亭框架一般采用方钢焊接成型，框架整体做防锈处理，亭身整体结构牢固，抗震防风系数高，耐腐蚀。

（四）售货亭外封板

（1）售货亭外封板可采用优质镀锌板折弯成型后焊接，外表经打磨处理后喷涂金属漆。

（2）售货亭外封板与内衬防火阻燃板应连接牢固、耐酸碱腐蚀，有足够强度对亭内服务员及货物起保护作用。

（五）售货亭内封板

售货亭内部一般采用象牙白彩钢板贴防火阻燃板，与内部龙骨紧密连接，可让亭内整体感觉整洁大方。

（六）售货亭地面

（1）售货亭地板可采用防静电地板。
（2）售货亭底部可选择镀锌钢作为骨架结构。

二、售货亭的维护保养

（1）平时应每天清洁一次。
（2）不要使用酸性溶剂清洗售货亭表面。
（3）表面遇油脂污染时，应先用柔软的布擦干净，后用中性洗涤剂或专用洗涤剂清洗。
（4）如有酸附着，应立即用水冲洗，再用中性洗涤剂或温水洗涤。
（5）售货亭上的贴膜用温水加弱洗涤剂清洗，黏结剂使用酒精或有机溶剂擦洗。
（6）不锈钢表面污物引起的锈迹，可使用专门的洗涤药品洗涤。
（7）若不锈钢表面出现彩虹纹，一般是过多使用洗涤剂引起的，洗涤时应用温水洗去。

【复习思考题】

1.举例说明设计售货亭时的注意事项。
2.售货亭在进行维护和保养时应该注意哪些方面？

第八章 雕塑设计

雕塑指艺术家通过各种可塑、可雕、可刻的材料（如木材、石头、金属、塑料等）创造出具有一定可视、可触的艺术三维空间形象，借以反映社会生活、表达艺术家的审美感受、审美情感、审美理想的一种造型艺术。现代主义的雕塑，在材料及创造手法上都有很高的自由度，艺术家可以通过雕、焊接、模塑或铸造的方式，在各种不同的材质上进行创作。

第一节 雕塑的分类

景观小品类的雕塑大多只是一个区域的附属品，在功能上主要起到点缀、美化环境的作用。但有时也会与其他景观小品在功能设计上进行结合，兼具实用性和观赏性。雕塑因其表现手法多样，造型各异，内涵与外延也在不断扩大，因此，根据不同的分类标准可以分为表8-1-1所示几类。

表 8-1-1 雕塑的分类

分类标准	分类名称	特征
艺术形式	具象雕塑	以写实和再现客观对象为主的雕塑
	抽象雕塑	以客观形式加以美的概括，简化或强化，并运用抽象符号加以组合，具有很强的视觉冲击力和现代感的雕塑
色彩	原色雕塑	指尊重材质本身颜色制作出来的雕塑，一般表现出来像不锈钢的银色、黄铜的金色、木制的淡褐色等
	有色雕塑	指使用木材、树脂、玻璃钢、大理石等材质，运用镀、漆、涂等方式，在材质本色上加红、黄、绿、蓝、紫等对比鲜艳的色彩，以产生较强的视觉冲击力，增加环境的美感

续表

分类标准	分类名称	特征
空间形式	圆雕	对形象进行全方位的立体塑造，具有强烈的立体感和空间感，可以从不同角度去欣赏
	浮雕	介于雕塑与绘画之间的一种表现形式，一般在平板上进行雕刻，并使其脱离原有材料的平面，一般分为浅浮雕、高浮雕和凹雕
	透雕	在浮雕的基础上，镂空其背景部分
功能形式	纪念性雕塑	以历史上或现实生活中的人或事件为主题制作的雕塑，一般处于景观环境的中心位置
	主题性雕塑	是指某个特定环境中，为表达某种主题而设置的雕塑。与环境有机结合的主题性雕塑，能增加环境的文化内涵，达到表现鲜明的环境特征和主题的目的
	装饰性雕塑	以装饰为目的而进行的雕塑创作，强调环境中的视觉美感
	功能性雕塑	在表现艺术美感的同时，又具有不可替代的实用功能
材料	石雕	指用花岗石、砂石、大理石等石料制作成的雕塑，多数有较好的耐火性和耐久性，色彩自然
	木（藤、竹）雕	指用松木、檀木、梨木、枫木、藤、竹等制作或编织出来的雕塑作品
	金属雕塑	由各种金属材料制成的雕塑
	综合材料雕塑	综合两种或两种以上材料共同构成，以表现材料美学为主的雕塑
物质属性	人物雕塑	以客观的人物造型为主，可尊重人物原型制作成具象性雕塑，也可运用夸张的艺术手法进行雕塑
	动植物雕塑	以自然界的动物或植物为原型进行艺术创作的雕塑
	人工制造品雕塑	以工业制造品、日常生活用具等为原型进行艺术创作的雕塑

第二节　雕塑的功能

　　雕塑作为艺术作品，具备一定的功能，或是为了建筑美观，或是为了文化信仰，抑或是用于铭刻碑文。雕塑功能的不同，其文化内涵也不同。雕塑的功能主要表现在：①雕塑记载着历史痕迹，如图 8-2-1 所示；②雕塑可通过外在造型来体现要表达的意义，如图 8-2-2 所示；③互动性雕塑能够满足居民的文化体验需求，它的价值体现需要通过与社会民众进行密切互动来实现，如图 8-2-3 所示；④一些雕塑（雕像）已成为某个城市的形象代表，如在比利时首都布鲁塞尔中心广场附近有一座引人注目的《撒尿小童》铜雕像，如图 8-2-4 所示。

图 8-2-1　阿坝州黑水县昌德红色文化广场雕塑

图 8-2-2　上海静安雕塑公园中的
《城市创变者》

图 8-2-3　青岛中央欢乐公园中的《梦想家》系列雕塑

图 8-2-4　《撒尿小童》铜雕像

第三节　雕塑的设计要点

一、雕塑在区域规划设计中的总体布局与定位

雕塑或雕塑群要表达出特定的意义（表现或标识出特定的人物和特定事件），必然离不开特定的历史背景和环境。以区域规划和景观设计要点为依据，往往就能把握好雕塑在空间环境中的定位、定点。如西安市大雁塔北广场的雕塑群，就是以整个大雁塔北广场设计原则为依据，主导仿唐风格，以展示西安在盛唐时期的一些人文情怀与世俗风貌，如图 8-3-1 所示。

（a）《唐朝诗仙李白》石雕

（b）《唐朝诗圣杜甫》石雕

（c）《唐朝天文学家僧一行》石雕

（d）《唐朝书法家颜真卿》石雕

图8-3-1　西安市大雁塔北广场雕塑群

二、布置形式

　　雕塑需要一定的景观空间作依托，在设计时应对历史文化背景、空间环境特点、城市景观等有一个全面准确的把握。布置雕塑时不可将其变成单形孤影、与环境毫不相关的摆设，因此，选择合适的环境、明确布置形式显得尤为重要。雕塑的主要布置形式如图 8-3-2 所示。

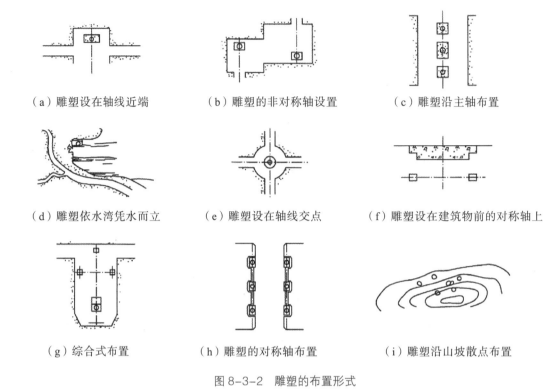

（a）雕塑设在轴线近端　　（b）雕塑的非对称轴设置　　（c）雕塑沿主轴布置

（d）雕塑依水湾凭水而立　　（e）雕塑设在轴线交点　　（f）雕塑设在建筑物前的对称轴上

（g）综合式布置　　　　（h）雕塑的对称轴布置　　（i）雕塑沿山坡散点布置

图 8-3-2　雕塑的布置形式

三、题材选择和造型轮廓设计

雕塑的设计要因地制宜，根据空间环境特点、历史文化背景进行题材的选择和雕塑的初步方案设计。黑格尔指出，艺术家不应该先把雕塑作品完全雕好，然后再考虑把它摆在什么地方，而是在构思时就要联系到一定的外在世界和它的空间形式、地方部位。如在福建崇武石雕公园，艺术家利用海水围绕着一块突出的海礁创作出的雕塑作品——《天下第一龟》（图 8-3-3），这就是通过改造自然地貌、地形形成的优秀雕塑案例。还有珠海的地标——《珠海渔女》，设计师经过实地考察和揣摩，把高约 4 m 的大石墩作为雕塑的底座耸立在珠海海滨临岸石岛上，更加凸显雕塑的高大和渔女优美的形象，如图 8-3-4 所示。

图 8-3-3 《天下第一龟》

图 8-3-4 《珠海渔女》

四、视域分析

从人体工程学上来看人与物体的尺度关系：人的视角一般分为竖向视角与水平视角。当观察物体时，最佳的竖向视角为 18° ～ 27° ，当竖向视角大于 45° 时，只能观赏细部；要想集中有效地观赏雕塑，水平视角应在 54° 以内，其背景的水平视角一般不大于 85° ，如图 8-3-5 所示。雕塑的整体比例设计得恰当与否，与观赏者的观赏距离和活动空间有着密不可分的关系。根据芦原义信所编著的《外部空间设计》中的视距比值公式 $D:H=2:1$（其中 H 代表高度，D 代表距离）可知，如果雕塑高为 1 m，那么雕塑到观者的距离大约在 2 m，这样才能完整地观看雕塑的全貌，如图 8-3-6 所示。

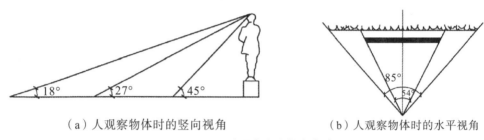

（a）人观察物体时的竖向视角 （b）人观察物体时的水平视角

图 8-3-5　水平与竖向视角角度

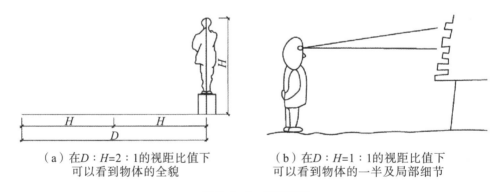

（a）在 $D:H=2:1$ 的视距比值下　　　　（b）在 $D:H=1:1$ 的视距比值下
　　可以看到物体的全貌　　　　　　　　　可以看到物体的一半及局部细节

图 8-3-6　视距示意

五、雕塑的大小与周边环境的关系

在一些城市中，可能会存在一些保护性的建筑或构筑物，为了保证雕塑在较大的空间范围内不会造成视觉污染，影响其他建筑、构筑物的视觉效果，应通过地域空间的横向和竖向的空间尺度比对，确定雕塑在环境中的视觉敏感范围。同时注意雕塑的大小，以避免在环境中显得突兀。

六、基座

景观雕塑的基座设计与景观雕塑一样重要，因为基座是雕塑与地面环境连接的重要部位，基座既与地面环境发生联系，又与景观雕塑本身发生联系。一个好的基座设计，可增添景观雕塑的视觉效果，也可以使景观雕塑与地面环境和周围环境产生协调的关系。基座设计有碑式、座式、台式和平式四种基本类型。

（一）碑式

碑式基座指基座的高度超过雕塑本体的高度，将基座变成了雕塑的一部分。碑式基座的设计通常作用于纪念碑，在设计时先对基座进行介绍，再对雕塑进行整体刻画。

（二）座式

座式基座指雕塑本身与基座的高度比例基本相等，在早期的古典雕塑中经常能看到这种样式。这种比例能使景观雕塑的艺术形象表现得更加充分、得体。中国的古典雕塑基座多采用须弥座，各部分的比例以及构成非常严密和庄重。现代景观雕塑的基座处理得更为简洁，以适应现代环境特征和建筑人文环境特征的需要。

（三）台式

台式基座指雕塑的高度与基座的高度比例在 2 ∶ 1 以下，呈扁平结构的基座。这种基座可给人带来一种平易近人的感觉。

（四）平式

平式基座指没有基座或不显露出来的基座。因为它一般安置在广场地面、草坪或水面之上，能很好地融入周围环境。

七、形式美法则

生活中人们看到的客观存在的事物并不都是美的，只有合乎形式美法则的事物，才能够纳入美的范畴。雕塑艺术的形式美法则包括统一与变化、对称与均衡、节奏与韵律、比例与尺度等。雕塑的点、线、面，是雕塑技法中体与面之间、形体与形体之间、空间与空间之间的比较依据和衡量的尺度。一件好的雕塑作品，是由不断变化的形体组合构成的，如图 8-3-7 所示。

（a）《石墨铅笔》雕塑（"点"雕塑）

（b）《明月邕江》主题雕塑（"线"雕塑）

（c）《滚滚长江东逝水》主题雕塑（"面"雕塑）

图 8-3-7　"点""线""面"雕塑

八、比例尺寸

雕塑的比例尺寸是指在进行雕刻时，将原始模型的尺寸按照一定的比例缩小或放大，以便于制作出更加符合要求的雕塑作品。通常情况下，雕塑的比例尺寸会根据不同的需求和场景而有所不同。例如，在室内环境中，一些较小的雕塑作品可能需要设计师更加注重对细节的处理，并且注意整体造型与背景之间的协调性；而在户外公共空间中，大型雕塑则需要具备更好的视觉冲击力和表现力。在确定雕塑比例尺寸时，应考虑制作条件、材质选择、作品风格等因素。此外，还需要保持雕塑良好的比例关系，以确保最终呈现出来的作品能够符合大众审美。

其他雕塑

【复习思考题】

　　1.雕塑有哪些功能性特点？

　　2.雕塑的基本表现形式是什么？

　　3.雕塑有哪些具体类型？

　　4.雕塑的设计要点有哪些？

第九章 交通景观设施

交通景观设施主要包括公交车站、自行车停放设施、止路设施等。

第一节 公交车站

一、公交车站的组成

公交车站是为公共交通提供服务和管理的小型交通设施，也是旅游交通系统中行人与交通工具连接的"点"设施。公交车站候车亭的造型主要有顶棚式和半封闭式两种。一个标准的公交车站一般由站台、遮阳顶棚、站牌、隔板、交通线路导引图、防护栏、夜间照明设施、座椅、垃圾箱、烟灰缸、广告设施和无障碍附属设施等组成，如图9-1-1所示。

二、公交车站的设计要点

公交车站的造型要简洁大方，富有现代感，体现出城市特色。公交车站一般采用不锈钢、铝材、玻璃、有机玻璃板等耐气候变化、耐腐蚀、易于清洗的材料建造。公交车站设计应充分考虑人们在等候、上下车时的安全性与舒适性，一般公交站点长度不大于1.5～2.0倍标准车长，宽度不小于1.2 m。

图 9-1-1　公交车站

第二节　自行车停放设施

在公共空间或建筑周围都会设置固定的自行车停放点，停放点多带有遮棚，也有简易的露天地面停放架或停放器。如何进行空间有序排列和停车空间的充分利用是自行车停放设施设计的关键，应考虑存放整齐、存放量大、便于管理、美观等因素，如图9-2-1所示。自行车停放架上车辆的存放形式一般有单侧存放、双侧存放、放射形存放、立挂式存放四种。

图 9-2-1　自行车停放设施

（一）单侧存放

单侧存放的自行车停放架分为平行式和斜角式两种。平行式与道路垂直设置，一般存车间距为 0.6 m，占地面积为 1.1 m^2。斜角式为了减少占地面积，一般与道路成 30° ～45° 角，自行车的占地面积为 0.8 m^2、0.82 m^2（45° 角）。

（二）双侧存放

双侧存放的自行车停放架分为对称式、背向式、面向交叉式及两侧段差式四种。

（三）放射形存放

放射形存放的自行车停放架分为圆形式、扇形式两种，具有整齐、美观的效果，但要确保停放架周围有适当的空间。

（四）立挂式存放

立挂式存放是指将自行车前轮夹插入停放架的凹槽内，自行车的占地面积为 0.57 m^2。

第三节 止路设施

止路设施（图 9-3-1）是加强道路安全的各类设施，包括护栏、护柱、阻车装置、反光镜、信号灯、人行斑马线、隔离栏、隔墙等。止路设施一般分为固定式和移动式两种，在保证其主要功能的前提下，应考虑设施的景观效果及与周围环境的融合性。例如，在城市的马路中间经常设置有护栏，可以划分车道并阻止行人穿行，护栏的颜色、造型会直接影响道路景观。设计师应根据周围环境、建筑风格等对止路设施进行个性化设计，以丰富区域风貌。

图 9-3-1　止路设施

【复习思考题】

1. 一个标准的公交车站一般由哪些设施组成？

2. 公交车站站点长度、宽度的设计标准是多少？

3. 自行车停放架上的车辆存放形式有哪些？

4. 书中列举出的止路设施有哪些？请再举例说明还有哪些止路设施。

第十章 水 景

水是生命之源，园林景观自然也离不开水。水是园林设计中最基本、最活泼的景观元素，可以说"无园不水"。园林水景不仅具有造景的功能，还具有美化环境、分隔空间、改善环境、为其他动植物提供生长条件、提供娱乐场所及提供生产用水等功能。

星曌国际度假酒店

第一节 水景的设计方法

水景作为景观环境中的一部分，设计时首先应从整体环境考虑，选择与环境相协调的尺度、位置，再通过运用理水手法进行水景设计。

一、水景尺度的确定

水景的大小与周围环境的比例关系是水景设计中需要慎重考虑的内容。小尺度的水面较亲切怡人，适合于宁静、不大的空间，如庭院、花园、城市小公共空间；尺度较大的水面烟波浩渺，适合于大面积的自然风景、城市公园和大的城市空间或广场。

水面的大小也是相对的，同样大小的水面在不同环境中所产生的效果可能完全不同。例如，苏州的怡园和艺圃两处古典宅第园林中的水面大小相差无几，但艺圃的水面比怡园的水面更显开阔空远。我们再将怡园的水面与网师园的水面做对比，怡园的水面面积虽然较大，但却大而不见其广、长而不见其深；相反，网师园的水面更显空旷幽深。

二、水景位置的选择

在决定了水景的风格和大小比例后，还应当考虑从什么位置观赏此景最佳。水景可以建在整体环境的中心，成为景观中的焦点，或作为一个铺设区域的主要装饰，或作为休息区域的一个重要补充。倚围墙而建的高台水景或下沉式的水景，可以通过安设一个镶嵌在墙上的喷泉装饰使其更加夺目。

三、水面的划分

景观中的水体设计，常通过划分水面形成水面大小的对比，使空间产生变化，增加空间的层次感。如颐和园中通过万寿山将水体分成辽阔坦荡的昆明湖和狭窄幽静的后湖，两者风格迥异，对比鲜明。

第二节　水体设计形式

一、规则式水体

规则式水体是由规则的直线岸边和有轨迹可循的曲线岸边围成的几何图形水体。根据水体平面设计上的特点，规则式水体可分为方形、斜边形、圆形和混合形四种形式，它们的特点见表10-2-1。

表 10-2-1　规则式水体四种形式的特点

形式	特点
方形	当水体面积较小时可设计为正方形或长方形；面积较大时可在正方形和长方形基础上加以变化，如亚字形、凸角形、曲尺形、凹字形、凸字形和组合形等。需指出的是，直线形的带状水渠，也属于方形的水体形式
斜边形	斜边形水体平面为含有各种斜边的规则几何形，包括三角形、六边形、菱形、五角形以及具有斜边的不对称、不规则的几何形状。这类形式可用于面积不同的水体
圆形	主要有圆形、椭圆形、半圆形和月牙形等。这类形式主要适用于面积较小的水体
混合形	由圆形和方形、矩形相互组合变化出的一系列水体形式

二、自然式水体

自然式水体主要可分为宽阔型、带状型两种。

（一）宽阔型水体

一般的园林中湖、池多是宽阔型的水体，即水体的长宽比在 3 ：1 以内。水面面积可大可小，但不为狭长形状。

（二）状型水体

带状型水体的长宽比超过 3：1，园林中的河渠、溪涧等都属于带状型水体。

三、混合式水体

混合式水体是规则式水体和自然式水体相结合的一类水体形式。

在园林水体设计中，以直线、直角为地块形状特征的建筑边线、围墙边线附近，为了与建筑环境相协调，常常将水体的岸线设计成局部的直线段和直角转折形式，水体在这一部分的形状就成了规则式的。而在距离建筑、围墙边线较远的地方，自由弯曲的岸线不再与环境相冲突，就可以完全按自然式来设计。

第三节 水面的分割与联系

园林中常将大的水面空间加以分割，形成大小不同的水区，以增加曲折深远的意境和景观的变化。

一、岛

岛在园林中可以做障景、隔景以划分水面的空间，使水面形成不同的水域，此时水面不但有连续感，还能增加风景的层次。尤其较大的水面，可以打破水面的单调、平淡。岛在水中，四周有开阔的环境，是欣赏水景的较好的眺望点。岛布置在水面，本身即是水面的景点，可被游人欣赏，也是游人很好的活动空间。

岛可以分为山岛、平岛、半岛、岛群等。水中设岛时忌居中，一般多在水面的一侧，以使水面有大片完整的感觉，或按障景的要求考虑岛的位置。岛的数量不宜过多，应视水面的大小和造景的要求而定。岛的形状不应雷同，岛的大小与水面的大小应成适当的比例，一般情况下岛宁小勿大，这样可使水面显得更为宽阔。岛上可建亭立石、种植花木，起到小中见大的效果。岛大时可设建筑，叠山引水以丰富岛的景观，如图 10-3-1 所示。

图 10-3-1　湖心岛景观

二、堤

堤可以划分空间，将较大的水面分隔成不同景色的水区，也可作为游人游览的通道，是园林中一道亮丽的风景线。堤上植树可增加分隔的效果。堤上植物营造出的线条，能使景色产生连续的韵律。堤上路旁可设置廊、亭、花架、凳椅等设施。

园林中多为直堤，曲堤较少。为避免景色单调平淡，堤不宜过长。为便于水上交通和沟通水流，堤上常设桥。堤上如设桥较多，桥的大小形式要有变化。堤在水面的位置不宜居中，多在一侧，以便将水面划分成大小不同、主次分明的水区。堤岸有缓坡或石砌的驳岸时，堤身不宜过高，以便游人接近水面，如图 10-3-2 所示。

图 10-3-2　堤岸景观

三、桥

桥是一种可以分隔水面，又能承载一定交通功能的建筑。此外，桥还是水面上一处重要的景观，使水面隔而不断。园林中桥的形式变化多端，有曲桥、平桥、廊桥、拱桥、亭桥等，如图10-3-3所示。如为增加桥的变化和景观的对位关系，可设曲桥，曲桥的转折处可设对景。拱桥不仅是船只的通道，而且在园林中可打破水面平淡、平直的线条，其在水中的倒影是很好的园林景观。将亭桥设在景观视点较好的水面，便于游人停留观赏。廊桥有高低转折的变化，能将自然、人文景观有效连接起来。

图 10-3-3 园林中的桥

第四节　水岸

水岸作为水域和陆域交接的边界，是园林中生态最敏感、生态过程最活跃的区域。水岸线的形状、水岸断面的形态与构造特征、植物群落的特色等因素互相协同，共同影响水岸整体生态效益的发挥，决定了滨水景观空间的特征。水岸设计要遵循安全性、生态性、艺术性、游憩性、文化性等原则。

一、水岸的形式

（一）草岸

草岸是将岸边修整成略有高低起伏的斜坡，在坡上铺草皮。草岸显得质朴、自然且富有野趣，适用于水位比较稳定的水体，如图10-4-1所示。

图10-4-1　草岸

（二）石砌斜坡

将水岸修整成斜坡，并顺着斜坡使用不规则的岩石砌成虎皮状、条状、冰纹状等的护坡。石砌斜坡非常坚固，适用于水位涨落不定或暴涨暴落的水体，如图10-4-2所示。

图 10-4-2 石砌斜坡

（三）混凝土斜坡

混凝土斜坡大多用于水位不稳定的水体。

（四）假山石驳岸

假山石驳岸是传统园林中常见的水岸处理方式。假山石布置在岸边，能形成一种自然入画的景观效果。

（五）垂直驳岸

垂直驳岸是以石料、砖、混凝土等砌筑成直立式岸壁。垂直驳岸的特点是坚固耐久、防渗抗冲击，但亲水性、生态性较差。

（六）阶梯式台地驳岸

将较高的河岸修筑成阶梯式台地，既可降低河岸与水面的高差，又能适应水位涨落。这种驳岸适用于水岸与水面高差较大，水位不稳定的水体，如图10-4-3所示。

图 10-4-3　阶梯式台地驳岸

（七）挑檐式驳岸

挑檐式驳岸指水体延伸到岸檐下，如图 10-4-4 所示。

图 10-4-4 挑檐式驳岸

二、水岸的设计要点

水岸是水体景观的重要组成部分，其设计必须遵循一定的理念、指导思想及设计原则。水岸在设计时需要考虑两个因素：一是水系治理问题，水岸作为水体与陆地的联系部分，稳固河堤、隔离水害才是其基本功能；二是要保证游人的安全，即水岸要保证工程质量，确保不会因水岸设计及质量问题而对人产生危害。

【复习思考题】

1.园林水景具有什么功能？

2.在进行水景设计时应重点考虑哪些方面？

第十一章 绿化小品设计

第一节 绿篱

绿篱又称植篱、生篱，在园林景观设计中较为常见。它是园林中利用小乔木或灌木成行密植且修剪整齐的篱垣，充当篱笆、围栏等，因此被广泛称作绿篱。绿篱主要用于分隔空间、屏障视线或起防护作用，也可设计成专门的景点，如迷园等。绿篱的使用历史悠久，我国古代就有"以篱代墙"的做法。西方早期的园林设计，推崇对植物的修剪造型，绿篱作为植物造景的常见形式被广泛采用，如图11-1-1所示。现代园林景观中，绿篱又被赋予了新的含义，得到更广泛的应用。

图 11-1-1 英国德拉蒙德城堡花园中的绿篱景观

一、绿篱的分类及特征

（一）依据整体形态划分

根据整体形态，可将绿篱分为规则式和自然式两种。规则式绿篱强调对种植材料的严格整形和修剪，表现出规整、整齐的面貌；自然式绿篱则只是对种植材料的生长势头稍加控制。规则式绿篱如图 11-1-2 所示。

图 11-1-2　规则式绿篱

（二）依据植物的高度划分

根据植物的高度，通常将绿篱分为矮篱、中篱、高篱三种类型。由于高度不同，绿篱的景观功能也有所不同，在植物的选择上自然有所区别，见表 11-1-1。当绿篱的高度在 1.8 m 以上，就会形成绿墙，可以代替实体墙体的部分功能，用于空间的划分和围合，如图 11-1-3 所示。

图 11-1-3　绿墙

表 11-1-1　按植物高度划分的绿篱的类型

类型	功能	特点	造篱植物
矮篱 （高度 0.5 m 以下）	形成边界；在大的园林空间中组字或构成图案	植株矮小，通常具有较强的观赏价值	月季、黄杨、六月雪、千头柏、万年青、彩叶草、紫叶檗、杜鹃、一串红等
中篱 （高度在 0.5～1.2 m）	分隔空间（但视线通透）、组织人流、美化景观	园林中应用最多。枝叶繁茂，观赏效果好	栀子、含笑、火棘、海桐、木槿、变叶木、红桑、金叶女贞、小叶女贞、山茶等
高绿篱 （高度在 1.2 m 以上）	遮挡视线，防尘、防噪音，分隔空间，形成背景	植株较高，群体结构紧密，质感强	桧柏、大叶女贞、冬青、锦鸡儿、榆树、紫穗槐、珊瑚树

（三）根据植物种类进行划分

根据使用的植物种类，可将绿篱分为常绿篱、花篱、果篱、彩叶篱、刺篱等，见表 11-1-2。

表 11-1-2　按使用的植物种类划分的绿篱的类型

类型	功能	造篱植物
常绿篱	分隔空间、阻挡视线、防尘、防风	侧柏、桧柏、圆柏、洒金柏、龙柏、大叶黄杨、雀舌黄杨、冬青、海桐、火棘、构骨等
花篱	观花	锦带花、榆叶梅、栀子花、月季、杜鹃、木槿、八仙花、连翘、珍珠梅
果篱	观果	红果冬青、构骨、火棘、荚莲、忍冬、水腊
彩叶篱	观叶	金叶女贞、红花檵木、紫叶小檗、金边黄杨、金心黄杨、洒金桃叶珊瑚
刺篱	强制性隔离	构骨、刺柏、月季、黄刺玫、锦鸡儿

二、绿篱的设计要点

（一）科学地选择植物

在进行绿篱设计时，应科学地选择植物，即根据不同的环境因子选择合适的植物。如在立交桥下设置绿篱时，应选用耐阴的植物；而在公路的隔离带中设置绿篱时，应选用对污染气体、烟尘等有较强吸附能力的植物，如冬青、海桐、柏类植物等。

（二）常用造景方式

1.独立成景

西方园林中常通过对绿篱的整形修剪，构成一定的图案或花纹，以突出整体之美，从而形成构图中心和独立的景观，如图 11-1-4 所示。

图 11-1-4　独立成景的绿篱

此外，迷园也是绿篱独立成景的一种表现。它通过特殊的种植方式构成专门的景区，因内部道路似迷宫般迂回曲折，被称为"迷园"，如图 11-1-5 所示。

图 11-1-5　迷园

2.作为背景植物

绿篱通常用于空间的分隔和维护，多见于街道、小径等道路的两侧，或广场、草坪的边缘，如图 11-1-6 所示。随着现代园林景观的发展，绿篱在景观中的作用也更加广泛，常用作花坛、花径、雕塑、喷泉及其他景观小品的背景，如图 11-1-7 所示。

图 11-1-6　草坪边缘的花篱

图 11-1-7　烘托雕塑的绿墙

3.突出水池、场地或建筑等的外轮廓线

绿篱分隔和形成空间的作用最为明显，在园林景观设计中，设计师常利用绿篱沿线配植，以此来强化场地的领域性（图 11-1-8）、烘托水池的轮廓，或强调、衬托建筑及花坛等的边界（图 11-1-9）。

图 11-1-8　捷克克罗麦里兹花园中的绿篱

图 11-1-9　公园中的绿篱

4.形成障景或透景

绿篱尤其是高绿篱的遮挡作用，可以使园林环境中一些不美观的物体或因素得以屏障。常用的方法是在不美观的物体前栽植较高的绿墙，使绿墙本身构成美丽的景观。

透景是园林中常用的一种造景方式，它多依靠高大乔木形成的冠下空间，形成一条透景线，以此实现景物之间的相互渗透。因此，在设置绿墙时，也可通过一定的修剪造型，达到透景的作用，如图 11-1-10 所示。

图 11-1-10　透景的绿墙

第二节　绿雕

绿雕即绿色雕塑，是以植物为原材料，通过摘心、修剪、缠绕、牵引、编制等园艺整枝技术或特殊的栽种方式实现雕塑造型和花卉园艺的完美结合，以此创造的雕塑艺术作品。由于选材不同，绿雕有时被称作树雕或花雕。

一、绿雕的造型特征

最初，园林中常见的绿雕以简单的造型为主，如图 11-2-1 所示。随着园林景观和园艺技术的发展，绿雕技术得到了极大的发展和应用，绿雕造型开始从简单的花篮式发展到复杂的人物、建筑物、园林构筑物、故事场景等，骨架结构也从最初的砖砌结构发展为钢木结构。绿雕造型多变，丰富而细腻，可传达出一定的主题思想和寓意。

图 11-2-1　简单造型的绿雕

二、绿雕的设计要点

绿雕设计不同于一般的平面绿化，既要直观表达主题、寓意深刻，又要体现植物雕塑的文化内涵和独特创意。除了视觉美感、主题意境方面的要求，设计师还应考虑绿雕的固定方式和植物材料的覆盖与应用。

(一) 构思设计

新加坡滨海湾公园中有 18 棵巨型大树，这些大树并没有普通绿雕那么高的绿化覆盖率，但作为一种独特的植物小品很好地结合了雕塑造型和园艺技术，不失为现代化技术风格下对绿雕设计的一种新尝试，如图 11-2-2 所示。

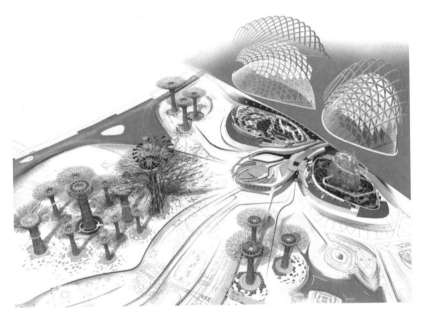

图 11-2-2　新加坡滨海湾公园中的巨型大树平面布局

该组大树景观的构思源于要创建一个"哇"的元素，展现新加坡"花园城市"的特点，创造一个惊人的热带花园，并展现先进的园艺园林艺术，实现尖端环境设计和可持续发展。大树的高度在 25 ～ 50 m 不等。18 棵大树为整个园中标志性的垂直花园，上面装饰特色植物。在白天，大树和上面的天棚可以为游客提供阴凉，调节微气候。在夜里，天棚里面安装的各种特殊照明灯具和投射媒介奇光异彩，别有一番景象。这些大树中的 11 棵树安装了太阳能板，用于吸收太阳能发电，供灯具照明，以及供冷却室内温度的供水设备使用。

(二) 骨架制作

(1) 施工人员按照设计图制作巨型大树的树状骨架，如图 11-2-3 所示。

图 11-2-3　新加坡滨海湾公园巨型大树的树状骨架

（2）在树干骨架上填充培养土，并将培养土固定。一般用蒲包或麻袋、棕皮、无纺布、遮阳网、钢丝网等将培养土包附固定在底膜上，然后再用细铅线按一定间隔编成方格将其固定。

（3）植物的栽植方式有两种：一种是插入式栽植，即栽时将蒲包戳一个小洞，然后将小苗插入，插入时注意苗根舒展，再用土填严压实；另一种是绑扎式栽植，即将已孕蕾的花苗脱盆，去掉多余的盆土后用棕片或无纺布将根包好，再与骨架绑扎牢固，如图 11-2-4 所示。

图 11-2-4　巨型大树上栽植的植物

（三）植物的选择

（1）一般选用一、二年生或多年生的草本花卉。

（2）以枝叶细小而密集、耐修剪的观叶观花植物为主。枝叶粗大的植物不易形成精美的图案，进而影响绿雕的景观效果。

（3）选择生长较慢的多年生植物，如金边过路黄、半柱花、矮麦冬等，以增强景观效果的稳定性。

（4）选择花色丰富、株型细腻的材料，如红草、芙蓉菊、金叶景天等。

（5）选择抗性强、病害少、繁殖力强的植株，如在新加坡滨海湾公园巨型大树的设计中，就选择了适应性强的热带凤梨科植物、附生植物和蕨类植物。

第三节　花坛

花坛是在具有一定几何轮廓的种植床内，规则种植各种不同色彩的花卉，以表现花卉群体美的园林设施。花坛的装饰性强，在园林景观中能起到画龙点睛的作用，常布置在道路交叉点、广场中心或一侧、公园入口处、小区入口处等区域。

一、花坛的分类及特征

花坛的分类方法有很多，依照不同的标准，可分为不同的类别。

（一）按种植植物划分

根据花坛内种植的植物，可将花坛分为盛花花坛和模纹花坛。

1.盛花花坛

盛花花坛常设置在视线比较集中的地块，主要由开花繁茂、色彩艳丽、花期一致的花卉组成，以表现盛花期群体的色彩美，如图11-3-1所示。

图 11-3-3　彩结花坛

（二）按造型特点划分

按照造型特点，可将花坛分为平面花坛、斜面花坛和立体花坛。

1.平面花坛

平面花坛最为多见，常见于广场、公园、小区、校园等园林环境中，花坛表面与地面平行，主要观赏面为平面，如图11-3-4所示。

图 11-3-4　平面花坛

2. 斜面花坛

斜面花坛是指设置在斜坡或阶地上，或依托建筑台阶布置的花坛，主要观赏面为斜面，如图 11-3-5 所示。

图 11-3-5　斜面花坛

3. 立体花坛

立体花坛又被人们称为"植物马赛克"，其起源于欧洲，是利用建筑材料和植物创作的立体植物雕塑作品。现代立体花坛多以钢筋、竹、木为骨架，在其上覆以泥土种植小灌木、花卉或草本植物，形成具有一定造型或主题的植物景观，与前文所述的绿雕类似，如图 11-3-6 所示。

图 11-3-6　立体花坛

（三）按照花坛的组合方式划分

按照花坛的组合方式，可将花坛分为独立花坛、带状花坛和组合花坛。

1.独立花坛

独立花坛的造型一般具有一定的几何形状，以圆形、方形、多边形最为多见。独立花坛通常作为某一局部空间的主体，面积不宜过大，单边长度应控制在 7 m 以内，如图 11-3-7 所示。

图 11-3-7 独立花坛

2.带状花坛

带状花坛指长度为宽度 3 倍以上的长形花坛，常设置于人行道两侧、道路中央隔离带、建筑墙垣、广场边界、草地边缘等空间边界处，起限定空间和装饰的作用，如图 11-3-8 所示。

图 11-3-8 带状花坛

3. 组合花坛

组合花坛由多个相同或不同形状的单体花坛组成，整个布局多为对称式、规则式，其中心部分可以是一个独立花坛，也可以是水池、喷泉、纪念碑、雕塑等。组合花坛在构图及景观设计上要有一定的一致性，如图 11-3-9 所示。

图 11-3-9 组合花坛

二、花坛的设计要点

（一）与环境特征相统一

在进行花坛设计时，花坛的形状、大小及植物的选择应与环境特征相统一。

1.花坛的形状

一般而言，花坛形状的选择要尽量与空间环境的形状保持一致或相似，如在圆形的区域内适合设置圆形花坛，在方形区域内适合设置方形或菱形花坛，如图11-3-10所示。

图 11-3-10　菱形花坛

2.花坛的大小

一般认为，花坛面积与所在空间面积的比不应大于1∶3，也不应小于1∶15。

3.植物的选择

花坛中的植物应兼顾环境的特征。例如，在公园或建筑物的主要出入口，应强调花坛的精致艳丽、规则整齐，多选用花色艳丽、花形美观的花卉；而作为纪念性空间、医院环境中的花坛设计则应选择常绿或者观叶植物，营造素淡的色彩，形成严肃、安静的氛围。

一般情况下，花坛中的植物首先选择株形整齐、开花整齐、花色鲜艳、花期长，且耐干旱、适应性强，病害少的矮生品种。为了稳定花坛的观赏效果，尤其是设计模纹花坛时，应选择生长缓慢、枝叶密集、耐修剪、耐移植的植物品种。

花坛中常见的花卉有雏菊、金盏菊、翠菊、鸡冠花、石竹、大花矮牵牛、一串红、孔雀草、万寿菊、三色堇、百日草、美女樱、金鱼草、美人蕉、鸢尾等，但花坛的植物并不局限于花卉，部分观叶植物也常用在花坛中，如彩叶草、雀舌黄杨、龙柏、水栀子、羽衣甘蓝、红花继木、半枝莲、香雪球、红景天、红叶苋、石莲花等。选择观叶植物作为花坛的主要用材时，可在花坛中心配置高大的观赏性乔木。

（二）花材的搭配

1.株高

一般情况下，花坛内侧的植物株高要略高于外侧，实现由内而外的自然过渡，内外两侧植物株高不宜相差太大。如株高差距过大时，可通过垫板或垫盆的方法处理，以保证花坛线条的整齐和流畅。

2.色彩

同一花坛中尽量避免使用同一色调下不同颜色的花卉，若一定要用，应将其间隔配置。花卉的颜色应突出对比性、相互映衬，在对比中展示各自夺目的色彩，否则就不能体现花坛的装饰性。2013年锦州世界园艺博览会上花卉的搭配正是遵循了色彩亮度对比的原则，营造了鲜艳醒目的花卉景观，如图11-3-11所示。

图 11-3-11　2013年锦州世界园艺博览会花卉的色彩搭配

（三）图案设计

花坛的图案设计应当结合景区主题、花坛用材、环境特征等方面综合考虑。在具体设计中，图案应主题明确、简洁明快，强调线条的流畅，可以采用单一的几何图形，或几种几何图形的穿插、组合，也可用抽象的线条来表达一定的意蕴。花坛图案设计示例如图 11-3-12 所示。

图 11-3-12　花坛图案设计示例

（四）位置设计

花坛的位置设计应考虑人站立观察时的视觉变化规律。如图 11-3-13 所示，当人的视线与垂直方向为 40°～70° 时，地面上约有 3.1 m 的视野清晰区，为观赏的最佳区域。由此可知，当花坛距离人站立位置 1.4～4.5 m 时，具有较好的观赏效果，可以设计精美的花坛图案。

如图 11-3-14 所示，当花坛距离人站立位置超过 4.5 m 时，人们很难清晰地辨别花

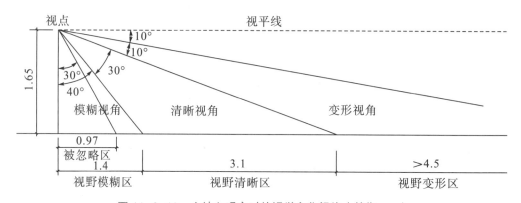

图 11-3-13　人站立观察时的视觉变化规律（单位：m）

坛图案。为强调花坛图案的观赏效果，此时可将花坛表面倾斜。当倾斜角度保持在离水平地面 30°～60° 时，观察图案清晰、视觉良好，易被人们识别。斜面花坛如图 11-3-15 所示。

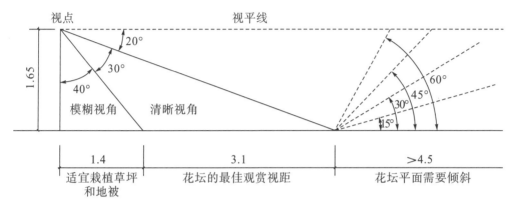

图 11-3-14　利用人的视觉变化规律进行花坛设计（单位：m）

图 11-3-15　南京雨花台景区中的斜面花坛

第四节　花径

花径，又称花境、花缘，是绿化小品中最具自然特征的一类。它模拟自然界中林地边缘多种野生花卉自然分散生长的规律，加以艺术提炼。花径主要利用露地宿根花卉、球根花卉及一、二年生花卉，多栽植在道路两旁、草地边缘、树丛前侧、绿篱边缘、建筑物或墙垣基部，呈长条形带状分布，是园林景观中常见的植物造景方式。

一、花径的分类

按照设计意图，可将花径分为单面观赏花径、双面观赏花径和对应式花径。

（一）单面观赏花径

单面观赏花径仅一面供人观赏，常以建筑物、矮墙、树丛、绿篱等为背景。在植物配置上讲究高低搭配，通常前面为低矮的边缘植物，后面为较高大的远景植物，在设计时应处理好与背景的关系，如图11-4-1所示。

图 11-4-1　单面观赏花径

（二）多面观赏花径

多面观赏花径多设置于草坪上、道路边缘、节点或道路环岛中央、树林之下，其设计形式灵活，对背景没有要求，强调花径的多视角可观赏性，如图11-4-2所示。

图 11-4-2　多面观赏花径

（三）对应式花径

在园林景观中，通常可以看到布置在园路两侧、建筑物两边或草坪开阔地的双面观赏花径，这种花径因具有强烈的对称性，被称为对应式花径，如图 11-4-3 所示。

图 11-4-3　对应式花径

二、花径的设计要点

（一）植物的选择

1. 观赏性

花径选用的植物要具有明显的观赏性，一般要求色彩丰富、形态优美，环境适应性强，且花期和观赏期较长，不需要经常更换的多年生花卉或灌木。

2. 常用植物

如美人蕉、郁金香、萱草、月季、牡丹、鸢尾、石竹、玉簪、鼠尾草、大花飞燕草、荷兰菊等花卉被广泛用于花径的营造，尤其是郁金香，经过园艺家的栽培，品种多样、色彩艳丽，深受人们的欢迎。郁金香花径如图 11-4-4 所示。为了维持长久的观赏效果，设计师常常会将常

图 11-4-4　郁金香花径

绿灌木和落叶型的花卉品种搭配使用。

（二）平面设计

在设计花径时应结合周围环境确定花径的景观特点。设计师通常在图纸上先画轮廓线，再画出各种植物的分布区域并标出相应的植物名称。图纸上地方不够时可以用编号表示，如图11-4-5所示。常见的花径多以建筑、墙垣、树丛等作背景，平面形状呈带状布局，在线条设计时应讲求一定的曲折线，使其流畅、富于变化，以此来柔化建筑墙体坚硬的线条。当花径不依靠背景物而独立成景时，可设计一定的图案或花纹，构成独立的景观主体，如图11-4-6所示。

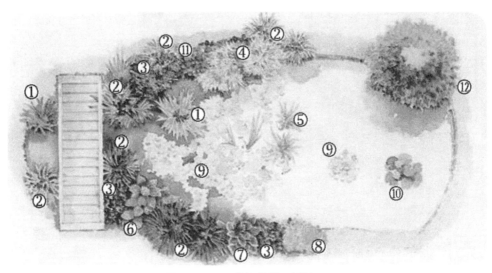

图 11-4-5　花径的平面设计图

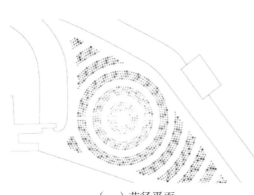

（a）花径平面

（b）花径全景效果

图 11-4-6　独立成景的花径

（三）立面设计

花径在设计时要注意立面效果，充分展现植物的自然美和空间美。花径在设计时应注意前景、中景、背景的营造，要求在选择植物时把握好植株的高度，使花径内植株高低错落、层次分明。总的原则是把最高的植物种在后面，最矮的植物种在前面或四周，为使花径不显得过于平淡，可以适当地把一些高茎植物前移，这样，花径的整体形象就显得层次分明且错落有致。设计时还应考虑植株的株型、花序、质感等因素，进而创造出丰富美丽的立面景观，如图 11-4-7 所示。

图 11-4-7　花径的立面设计

（四）色彩设计

色彩也是影响花径外观的一个重要因素。设计师在进行植物选配时，应巧妙利用植株色彩之间的对比、协调和变化等规律，同时还应考虑色彩与周边环境相协调，如图 11-4-8 所示。

图 11-4-8　多种色彩相协调的花径

<h1 style="text-align:center">第五节　花池</h1>

花池的种植床稍高于地面，通常由砖石、混凝土、木头等围护而成，其高度一般低于 0.5 m。花池内部布置灵活，可以填充土壤栽植花木，也可直接放置盆栽花卉。

一、花池的类型

根据植物种类，可将花池分为草坪花池、花卉花池和综合花池三类。

（一）草坪花池

草坪花池指修剪整齐而均匀的草地，边缘稍加整理，或布置雕像、装饰围栏等，如图 11-5-1 所示。

图 11-5-1　波浪形的草坪花池

（二）花卉花池

花卉花池主要栽种花卉植物，以展现花卉的色彩美、群体美，通过花卉的合理搭配，形成一定的图案或花纹，如图 11-5-2 所示。

图 11-5-2　花卉花池

（三）综合花范

综合花池中既种植有草本植物，也有低矮的一、二年生花卉。

二、花池的设计要点

（1）先明确花池的用途及在方案中的作用，再选择相应的花池形式与构造。

（2）花池与场地边界、铺装形式、道路、座椅、墙体等要素在形态、色彩和组合形式上应具有统一与协调的关系，以加强细部之间的整体感。例如美国著名景观设计大师丹·凯利设计的喷泉广场，花池与地面铺装采用了同样的材质，简化了形式，并在拼缝交接时采取完全对缝的做法，凸显了细部的精确性和连续性，强化了景观的整体性。

第六节 花台

花台常见于中国传统庭园景观设计中，具有典型的中国式庭园风格。花台较花池更高，明显高于地面，高度在 40 ～ 100 cm 之间。花台一般面积较小，内部栽植花卉、灌木、小乔木等观赏植物，还常与假山、坐具、墙基等结合布置。

一、花台的类型

从造型特点看，花台可分为规则式和自然式两类。

（一）规则式花台

规则式花台常用于整齐的道路一侧、广场、墙垣等规整空间，如图 11-6-1 所示。

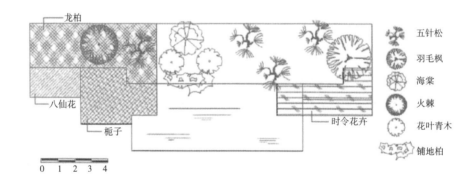

（a）花台平面设计图

（b）花台效果

图 11-6-1 规则式花台

（二）自然式花台

自然式花台一般为非几何形状，由山石、木材、混凝土等材料砌筑而成，如图 11-6-2 所示。

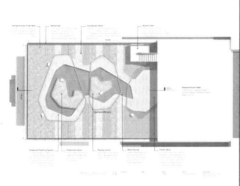

（a）花台平面设计图　　　　　　　　（b）花台效果

图 11-6-2　自然式花台

二、花台的设计

花台的植物选择、设计方法与花池相似。由于花台面积较小，一个花台内通常只选用一种植物。如设置于建筑基部、墙垣的花台常栽植常绿灌木，可形成长久的绿色景观；设置于台阶、坡道两侧的花台可选择色彩艳丽、花繁叶茂的花卉、观叶植物或垂枝植物。

第七节　花钵

栽植花灌木或草本花卉使用的容器称为花钵，如图 11-7-1 所示。花钵的形状多样，可灵活地布置于广场、入口、台阶旁等，也可依靠坐凳、景墙、水池等设置。

图 11-7-1　花钵

一、花钵的类型

花钵多由花岗岩、大理石、陶瓷、玻璃钢、砂岩等制成，造型以圆形最为多见，也有方形等几何形，或者一些特殊的造型，如花车、花箱、花桶、吊盆。此外，花钵的设计可与座椅、景观灯、挡车桩等公共设施相结合，这种一体化设计在现代景观中已经较为普遍，如图 11-7-2 所示。

图 11-7-2 花钵与座椅相结合的设计

二、花钵的设计

（一）花钵的功能

花钵除具有造景功能，还具有空间划分和组织人流的功能。

（二）花钵的设置

1.较高的花钵

当花钵高度高于或接近正常成年人平视视线时，多设计在宽阔广场及公园出入口等位置。人们在距离花钵较远处观赏，才能达到最佳视觉效果。通常选用的花钵外形为圆形，给人以很强的动感。

2.较低的花钵

当花钵高度低于正常成年人平视视线时，可便于人们从多方位观赏，多摆放在道路、广场、建筑物旁。花钵的样式更是多种多样，可以是圆形、半圆形、方形、多边形等，也可以根据需要组合成各种形状。

第八节 树池

当在有铺装的地面上栽种树木时，应在树木的周围保留一块没有铺装的土地，通常把它叫作树池或树穴。它既是树木生长的区域，也是树木的保护设施。随着城市景观的快速发展，树池已经成为园林景观小品中极富观赏性和实用性的一种绿化小品。

一、树池的分类

（一）依据布局方式划分

从树池的布局形式上看，有单独布置、行列式布置、自由式布置等类型，如图11-8-1所示。

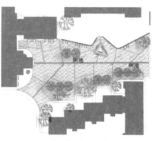

（a）单独布置　　　　　　（b）行列式布置　　　　　　（c）自由式布置

图 11-8-1　树池的布局形式

（二）依据处理方式划分

从树池的处理方式上看，有软质处理、硬质处理和软硬结合处理。

1. 软质处理

软质处理是将草皮或低矮地被植物种植在树池内，以此来覆盖树池表面的方式，如图11-8-2所示。

图 11-8-2　树池的软质处理

2.硬质处理

硬质处理是指使用不同的硬质材料用于架空、铺设树池表面的处理方式，如图11-8-3所示。

图 11-8-3 树池的硬质处理

3.软硬结合处理

软硬结合处理指同时使用硬质材料和植物对树池进行覆盖的方式，也可结合坐凳进行设计，如图11-8-4所示。

图 11-8-4 树池的软硬结合处理

二、树池的设计要点

（一）功能设计

1.入口点景

在城市景观中，树池多见于人行道上，也应用于城市广场、小游园、居住区、公园及风景区等出入口或休息区。出入口处设置的树池有效地引导了人流，是公园、景区等出入口空间常用的设计手法，如图11-8-5所示。

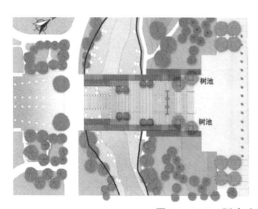

图11-8-5　延安山体公园入口处的树池设计

2.独立成景

树池还可以作为空间的主体，形成独立的景观。意大利特洛佩阿海星广场设计方案中，设计师利用树池的自由式布置划分了广场空间，并将树池的设计和坐凳结合起来，如图11-8-6所示。

图11-8-6　独立成景

（二）尺寸设计

树池的尺寸应以保证乔木正常生长为原则，对于城市人行道上的树池，尺寸一般不小于 1.2 m×1.2 m。而布置于其他休闲场所的造景树池，尺寸要求相对较灵活，一般根据所栽植树种的规格、生长势，并结合景观需要来确定。树池的高度以不超过 0.6 m 为宜，过高易给人带来压抑感。

（三）细部设计

树池细部设计的重点在于细部样式和饰面设计。精美的细部样式可以提升树池的观赏性和艺术价值，带有文化特征的细部样式还能反映地方文化、体现审美价值。树池除了作为景观使用，还承担着一定的休息功能，因此饰面应选择导热慢、舒适度较高的材料，以方便人们休息、停留。结合铺装对树池的造型进行创意设计，如图 11-8-7 所示。

图 11-8-7　树池的创意设计

【复习思考题】

1.绿化小品的主要类型有哪些？分别有怎样的特点？

2.不同的绿化小品在植物的选择上有何特点？

第十二章 景观照明设计

景观照明是一个城市发展的重要标志，也是城市繁荣的象征。它已经成为一个新的艺术领域，与人们的生活息息相关。美丽的景观照明可展示现代城市的风貌，带动旅游业和商业的发展。景观照明对城市景观品质的提高和城市环境的改善具有重要意义。它可给城市的夜晚增添色彩，美化环境，给夜间出行的人们带去温馨与方便，让人们在白天忙碌过后可以静下心来享受城市迷人的夜景，同时保障公共场所夜间活动的安全。

第一节 草坪灯

作为城市的照明设施，草坪灯是重要的照明工具，主要用于草坪周围的照明。草坪灯往往造型典雅、精致，具有较强的装饰作用。草坪灯的灯光通常较为柔和，为城市绿地增添色彩的点缀。草坪灯如图 12-1-1 所示。

图 12-1-1 草坪灯

一、草坪灯的分类

草坪灯是在草坪周围进行照明的一种景灯，常常用于城市广场、公园、居民区街道绿地、停车场等公共场所，草坪灯按造型一般分为古典灯、现代灯、欧式灯、工艺灯四种。

（一）古典灯

古典灯的设计风格多采用中国古典元素，再加以改型，如图 12-1-2 所示。

（二）现代灯

现代灯的设计风格多采用现代艺术元素，通过简约的手法表现，如图 12-1-3 所示。

图 12-1-2 古典灯

图 12-1-3 现代灯

图 12-1-4　欧式灯

（三）欧式灯

欧式灯的设计风格多采用欧洲国家的一些艺术元素，再加以抽象的表现形式，如图 12-1-4 所示。

（四）工艺灯

传统的草坪灯大多使用塑胶或五金材质，造型以现代简洁和古典经典为主。工艺灯在传统草坪灯的基础上融入了工艺品的元素，造型更为丰富，其设计多以庭院装饰为主，照明功能为辅。工艺灯的材质涵盖玻璃、铁艺、树脂、塑胶和综合材质，以花朵、动物、人物、节日主题等为主要设计元素。工艺灯如图 12-1-5 所示。

图 12-1-5　工艺灯

二、草坪灯的设置

草坪灯在现代景观中是不可缺少的一部分。它造型优美别致，有独特美观的设计样式，具有一定的观赏性，可通过不同的灯光效果、色彩及照明营造出温馨明亮的环境。城市的夜晚，绚烂的灯光能营造出迷人的景象，衬托出景物的美，展示城市独特的魅力，同时也能保障人们的夜行安全。草坪灯在白天能起到装饰作用，渲染周边环境的气氛，与人们的生活密不可分，成为城市景观中重要的艺术元素。各种造型的草坪灯如图 12-1-6 所示。

图 12-1-6　各种造型的草坪灯

草坪灯的设置应遵循相关要求，设置得过于密集会让整个空间显得生硬，设置得过于稀疏也会让整个空间变得单调。草坪灯在靠近台阶、草丛、拐角、花台的地方可适当加密，目的是保障人们夜间出行的安全。

第二节 路灯

路灯是给道路提供照明的灯具，通常设置在道路的两侧，展示着一个城市的特殊魅力。

一、路灯的设置和造型

通常宽阔的路面可以采用两侧对称的方式来布置路灯，一般间距会根据路灯的高低、明度来决定，距离为 25 ～ 35 m 。

路灯的造型要与周围环境相适应，并注意路旁树木对道路照明的影响。

（1）直杆造型的路灯灯头设计得别致有趣，可通过光影表现力丰富空间环境，如图 12-2-1 所示。

（2）枝叶造型的路灯可扩大照明范围，让夜晚更加明亮，如图 12-2-2 所示。

图 12-2-1 直杆造型路灯　　　　　　　　图 12-2-2 枝叶造型的路灯

（3）绿色的灯杆与周围环境融为一体，可美化城市的环境，提高人们的出行安全，如图 12-2-3 所示。

（4）路灯充分利用光的艺术表现力，可借助物体和空间营造出不同氛围，成为城市中亮丽的风景，如图 12-2-4 所示。

图 12-2-3　与周围环境融为一体的路灯

图 12-2-4　具有现代感的路灯

二、灯光照明对环境的影响

灯光照明的表现力和装饰性在于对城市空间的修饰与点缀，能使空间环境更富有意境，表现出不同的风格和特点。灯光的色彩变换以及灯具的独特造型，控制灯光的虚实、明暗以及角度，能丰富空间的层次；光影的效果能更好地突出景观元素，从而增加环境的美感。另外，柔和的灯光也会使空间显得舒适、宁静，更加迷人，满足人们的视觉需求，给人以美的享受。各种造型的路灯如图 12-2-5 所示。

图 12-2-5　各种造型的路灯

第三节　壁灯

　　壁灯在景观中更多起到装饰作用，整面的墙体与灯具的搭配，可使空间更富有艺术氛围。

　　（1）简约的壁灯和大理石墙面的组合，能给人带来淡雅、高贵的感觉，如图 12-3-1 所示。

　　（2）马灯式壁灯线条丰富、颜色沉稳，在欧式建筑或中式建筑中都可使用，如图 12-3-2 所示。

　　（3）造型典雅的壁灯在粗糙的墙面上显得相得益彰，如图 12-3-3 所示。

图 12-3-1　壁灯和大理石墙面的组合

图 12-3-2 马灯式壁灯

图 12-3-3 壁灯与粗糙墙面的组合

一、壁灯的设计对人的影响

壁灯的光线淡雅柔和，可带给人一种安逸的情绪氛围，使空间更富艺术感染力，

也使黑暗的环境变得更幽雅。在壁灯的设计上，颜色应与墙面和周围环境合理搭配，在冷暖和明暗的处理上相得益彰。通常不同颜色的灯光会使人产生不同的心理感受。一般壁灯的灯光多为偏暖光，能减弱人们在黑暗中的紧张情绪。另外，现代壁灯的设计样式多变，具有较强的装饰作用。

图 12-3-4 壁灯的设计

（1）暗黄色的墙壁搭配黑色壁灯，一种时尚的现代气息得以凸显，尽管它们明暗反差很大，但却不显得突兀。

（2）粗糙的墙面上搭配红砖，可展现出建筑物自身的特点和独特的风格，若再点缀以别致的壁灯，能带给人优雅的视觉感受。

二、壁灯的设计对环境的选择

壁灯的特点是能通过淡淡的灯光把周围的环境点缀得更优雅、高贵,它是照明与艺术的结合,是光文化的重要体现。通常金属材料的质感与墙体可形成强烈对比,给人一种浪漫、复古的情调。而壁灯与其他灯具最大的区别就是它的装饰性更强。

(1)带有复古花纹的壁灯与粗糙的石材墙面的组合,如图 12-3-5 所示。

(2)橘色的墙面与白色的壁灯色彩对比明显,整体产生明亮的视觉效果,如图 12-3-6 所示。

图 12-3-5 粗糙石材墙面与带有复古花纹的壁灯　　　　图 12-3-6 橘色墙面与白色的壁灯

(3)金属构架的壁灯与土墙搭配,可表现复古、清新的格调。当人们走在这条小路上时,能感觉到美好和清新,如图 12-3-7 所示。

图 12-3-7 土墙与金属构架的壁灯

（4）壁灯与墙体的结合，使整体看上去更加自然、优雅，如图 12-3-8 所示。

（5）黑白搭配的壁灯点缀金色的花纹，与周边环境相得益彰，如图 12-3-9 所示。

图 12-3-8　壁灯与墙体的结合　　　　　　　图 12-3-9　不同配色的壁灯

（6）壁灯的造型通常充满艺术气息，与墙角的组合更显优雅别致，如图 12-3-10 所示。

图 12-3-10　壁灯与墙角的组合

第四节　庭院灯

　　庭院灯是景观照明中应用比较广泛的一类灯具，它的样式繁多，在满足照明的前提下，整体的造型也力求新颖，起到了装饰环境的作用，表现出艺术和生活给人带来的美感。庭院灯主要应用在广场、公园、居住区、庭院等，如图 12-4-1 所示。

图 12-4-1　简单朴素的灯杆与灯头的结合，整体美观大方

　　庭院灯要根据周围环境的特色布置，以突出环境特点。随着科技的发展，越来越多的灯具打破了原有的造型，展示出新的设计理念，能更好地与周围环境融合在一起。黑白配色的庭院灯如图 12-4-2 所示。

图 12-4-2　黑白配色的庭院灯

庭院灯的作用主要体现在以下几个方面：

（1）照明。庭院灯基本的功能是照明，在夜间可照亮整个庭院，保证人们的户外活动安全。

（2）丰富庭院的空间内容。借助明暗对比，庭院灯在环境亮度较低的情况下，可重点突出需要表现的景观。

（3）庭院空间装饰。庭院灯的装饰功能可以通过灯具本身的造型、质感，以及灯具的排列组合来实现。

（4）庭院灯可以营造温馨、浪漫的氛围。①利用点、线、面的有机结合，突出庭院的层次感，科学地运用光艺术，营造温馨美好的氛围。②使用不同颜色的灯光，可以营造出不同的庭院氛围。例如，现代庭院照明一般用白光，田园庭院用黄色暖光。

第五节　景观灯柱

景观灯柱常设置在园林景区和文化休闲广场中，是一种装饰性极强的照明灯具。其造型千姿百态，是灯与艺术、光与景的完美结合。

（1）独特的铁艺灯柱与白色的灯头搭配，成为街道上独特的景观灯柱，如图 12-5-1 所示。

图 12-5-1　铁艺景观灯柱

（2）以雕塑小品作为景观灯柱时，具有观赏性强的特点，如图 12-5-2 所示。

图 12-5-2　以雕塑小品作为景观灯柱

（3）镂空样式的景观灯柱，简洁明快的风格能带给人们不一样的视觉感受，如图 12-5-3 所示。

（4）商场或建筑门前搭配造型简洁的景观灯柱，可以用来装饰环境，使空间更为饱满，如图 12-5-4 所示。

图 12-5-3　镂空样式的景观灯柱　　　　图 12-5-4　造型简洁的景观灯柱

173

【复习思考题】

1.园林景观中常见的景灯有哪些?

2.景灯与光源的主要类型有哪些?

第十三章　休闲娱乐类设施

第一节　儿童游乐设施

一、儿童游乐设施

（一）草坪与地面铺装

作为一种软质景观，草坪除具观赏价值外，也是儿童所喜爱的活动场地，如图
13-1-1 所示。尤其对幼儿而言，在草坪上活动既安全又相对卫生。但草坪的养护要
求较高，故硬质铺地仍被更多地使用。硬质铺地的材料多采用水泥方砖、石、沥青或
其他地方材料，铺面图案可结合儿童喜欢的元素加以点缀。

图 13-1-1　草坪

（二）沙坑

沙是大自然的产物，沙坑游戏是通过儿童的想象，以沙子为基本材料进行设想和建构，通过手的操作反映对周围事物印象的一种活动。这种没有既定玩法的活动往往对儿童的吸引力较大，不仅可以让儿童在愉悦的沙坑游戏中获得动作发展和社会性发展，还能安抚儿童的心理，丰富认知经验，提高想象和创造能力，对儿童身心健康的发展具有独特的价值。对于规模较小的公园，设置一个能容纳 4 ~ 5 个儿童玩耍，面积约为 8 m² 的沙坑即可。若在沙坑中安置玩具，则既要考虑儿童的运动轨迹，又要确保沙坑中有基本的活动空间。沙坑中应配置经过冲洗的精制细沙，标准沙坑一般深 400 ~ 450 mm；可在沙坑四周竖砌 100 ~ 150 mm 的路缘，以防止沙土流失或地面雨水灌入。沙坑如图 13-1-2 所示。

图 13-1-2　沙坑

（三）戏水池

与水亲近是儿童的天性，用地较大的儿童游乐场可设置戏水池，如图 13-1-3 所示。供儿童玩耍的戏水池水深一般在 200 mm 左右，也可局部逐渐加深以供较大的儿童使用，但需装设防护设施。戏水池的平面形式丰富多样，可结合设置伞亭、雕塑、休息凳等其他设施；水的形态可与喷泉结合设计，使水不断流动、过滤以保持水体洁净。戏水池底应浅而易见，所用的底面材料要做防滑处理。

图 13-1-3　戏水池

（四）儿童迷宫

　　儿童迷宫可以锻炼儿童的空间推理能力，同时还能提高儿童辨别方向的能力。儿童迷宫可用绿篱等软质材料围合，用混凝土制作出各种城堡、动物造型放置在其中，从而设计出儿童喜爱的迷宫形式，如图13-1-4所示。在设计时应注意避免出现锐角而伤及儿童，墙体顶部应作削角，墙下或设置沙坑，或做柔性铺装。

图 13-1-4　儿童迷宫

（五）秋千

秋千是一种娱乐设施，常见于公园、游乐场及小区中，如图 13-1-5 所示。秋千的设计尺寸：两座式秋千，宽约 2.6 m、长约 3.5 m、高 2.5 m，安全护栏宽 6.0 m、长 5.5 m、高 0.6 m；四座式秋千，宽约 2.6 m、长约 6.7 m、高 2.5 m，安全护栏宽 6.0 m、长 7.7 m、高 0.6 m。秋千踏板一般距地面 350～450 mm；设计幼儿园安全型秋千时，应注意避免幼儿钻入踏板下，一般幼儿安全秋千的踏板距地面 250 mm。秋千的吊链、接头等配件，应选用强度高的铸铁产品。秋千下及周围地面应采用沙土等柔性铺装，防止儿童跌伤。

图 13-1-5　秋千

（六）滑梯

滑梯属于综合型运动器械，儿童只有通过攀爬才能进行游戏。孩子玩滑梯需要坚定的意志和信心，可以锻炼他们的身体协调性。当孩子"嗖"地滑下来时，还能享受到成功的喜悦。滑梯如图 13-1-6 所示。

滑梯的宽度一般在 400 mm 左右，两侧立缘在 180 mm 左右，滑梯末端承接板的高度应以儿童双脚可完全着地为宜，且着地部分应为软质地面。滑梯宜选用平滑、环保、隔热的材料；在滑梯周围要设置防护设施，以免儿童掉下滑梯而导致受伤。

图 13-1-6 滑梯

（七）跷跷板

跷跷板是一种儿童游戏器械，是在狭长而厚的板中间装上轴，然后架在支柱上，两人对坐两端，轮流用脚蹬地，使一端跷起，另一端下落，如此反复游戏以取乐，如图 13-1-7 所示。普通双连式跷跷板的标准尺寸：宽 1.80 m，长 3.60 m，中心轴高 0.45 m。跷跷板座位下可安装废旧轮胎等作缓冲垫，周围应设置沙坑或做柔性铺装。

图 13-1-7 跷跷板

（八）攀登架

攀登架（图 13-1-8）一般由木材或钢管组合而成，让儿童可以上下攀登，能够锻炼儿童的平衡能力。常用的攀登架每段高 0.5 ～ 0.6 m，由 4 ～ 5 段组成，总高约 2.5 m，可设计成梯子形、圆锥形或动物造型。方形攀登架的标准尺寸：格架宽 0.5 m，攀登架整体长、宽、高相同，为 2.5 m。从安全角度考虑，攀登架下应设置沙坑或其他柔性铺装。

图 13-1-8 攀登架

二、儿童游乐设施的设计要点

儿童游乐设施设计应从儿童的角度去考虑，掌握新时代儿童的心理特征和认知水平，满足儿童的好奇心，激发儿童自发地进行创造性游戏。同时要考虑儿童的运动轨迹和运动特点，设法使他们能够在有限的范围内获得最大的活动空间。儿童游乐场地面铺装宜采用质地柔软、施工简单、色彩丰富的环保材料，避免儿童从器械上坠落跌伤。在游乐场选址和器械布置方面，既要注意满足日照、通风、安全的要求，同时也要注意尽量降低儿童嬉戏时产生的嘈杂声对周围环境的影响。此外，还要考虑到残疾儿童的游乐需求。

第二节 体育运动设施

体育运动设施指用于体育比赛、训练、教学以及群众健身活动的各种场地、场馆，主要有网球场、篮球场、羽毛球场、乒乓球场、排球场、足球场等。

一、网球场

常见的室外网球场如图 13-2-1 所示。

图 13-2-1 室外网球场

（一）网球场的尺寸

标准网球场占地面积不小于 36.00 m×18.00 m，在这个面积内，有效单打场地尺寸为 23.77 m×8.23 m，有效双打场地尺寸为 23.77 m×10.98 m。

（二）网球场的设计要点

网球场边应设置可供人员休息用的长凳。特别是场地数目较多的网球场，最好设置凉亭等遮阴设施。同时，入口附近应设置饮水台；边线至围网间的距离，硬式场地与软式场地略有差异，一般间距为 4～6 m，每块场地边线的间距应在 5 m 以上，端线至围网的距离一般为 6.5～8.0 m，四周围网高度一般为 3～4 m。网球场的长轴应放在偏东西 5°～15° 的方向上（最好向西偏 5°）。在风力较强地方建造网球场，尽量在围网上安装防风网。网球场每片场地坡度应至少为 1∶360，最大不得超过 1∶120。

二、篮球场

篮球场为一个长方形的坚实平面，室外篮球场地面铺装常使用水泥混凝土、塑胶地板等，铺装时要注意地面平整，以防在运动时因地面不平导致人员受伤，室外篮球场如图 13-2-2 所示。

图 13-2-2 室外篮球场

（一）篮球场的尺寸

标准篮球场尺寸为 28 m×15 m。六人制大、中学普通篮球场地尺寸为（24～28）m×（14～15）m，六人制正式国际比赛篮球场地尺寸为 28 m×15 m。

（二）篮球场的设计要点

篮球场宜设置在避风或风小之处，端线与边线外无障碍区应在 3m 以上。室外篮球场的场地材质应防滑、耐用，能够承受各种天气条件的影响。室外篮球场须具有足够的照明条件，以便人们在夜间使用。

三、羽毛球场

常见的室外羽毛球场如图 13-2-3 所示。

图 13-2-3 室外羽毛球场

（一）羽毛球场的尺寸

单打羽毛球场地尺寸为 13.40 m × 5.18 m，双打羽毛球场地尺寸为 13.40 m × 6.10 m，球场上各条线宽均为 40 mm。

（二）羽毛球场的设计要点

整个羽毛球场上空空间最低为 9 m，在这个高度以内，不得有任何横梁或其他障碍物，球场四周 5 m 以内不得有任何障碍物；任何并列的两个球场之间，最少应有 2 m 的距离；球场四周的墙壁颜色最好为深色，不能有风；羽毛球场表层排水坡度为 1 : 150 ～ 1 : 100。

四、乒乓球场

常见的室外乒乓球场如图 13-2-4 所示。

图 13-2-4　室外乒乓球场

（一）乒乓球场的尺寸

男、女单打和双打场地大小均相同，场地尺寸为 14 m × 7 m，天花板高度不得低于 4 m；乒乓球桌桌台尺寸为 2.740 m × 1.525 m，桌台离地面的高度为 0.76 m，球网顶端距台面 152.5 mm。

（二）乒乓球场的设计要点

乒乓球台面上空至少 4 m 内不得有障碍物。桌台宜设置在避风或风小处。

五、排球场

常见的室外排球场如图 13-2-5 所示。

图 13-2-5　室外排球场

（一）排球场的尺寸

排球场标准场地尺寸为 9 m×18 m，男子比赛用网网高为 2.43 m，女子比赛用网网高为 2.24 m。

（二）排球场的设计要点

排球场四周至少有 3 m 宽的无障碍区，从地面起至少有 7 m 的无障碍空间。国际排联世界性比赛场地边线外的无障碍区至少为 5 m，端线外至少为 8 m，比赛场地上空的无障碍空间高度至少为 12.5 m。排球场地面做统一平整处理，且能够排水；室外场地一般要求长轴为南北向。

六、足球场

常见的足球场如图 13-2-6 所示。

图 13-2-6　足球场

足球场宜为天然草皮地面，草地范围应超出边界线 1.5 m；场地应有良好的排水和渗水功能，与场地长轴线成直角方向的坡度应不小于 0.3%；避免长轴与主导风向平行和正对太阳产生眩光，可根据当地地理位置、风向和比赛时间等因素确定最佳方位。

第三节　公共健身设施

公共健身设施指在城市户外环境中安装固定的，人们通过娱乐的方式进行体育活动，对身体素质能起到一定提高作用的器材和设施。随着全民健身运动的普及，健身器材在很多公共绿地、广场、公园、居住小区、屋顶平台等处均有设置，为人们休闲、锻炼、运动提供了条件，提高了人们的生活质量。

图 13-3-1　公共健身设施

（一）公共健身设施的类型

按照使用者的年龄，公共健身设施可分为儿童设施、成人设施和老年人设施三类。按照设施结构的复杂程度，公共健身设施主要分为具有单项功能的设施和具有综合功能的设施。按照设施所具有的不同功能，公共健身设施可分为锻炼柔韧性和灵活性的设施、增强平衡能力和灵活性的设施、增强上肢肌肉力量的设施、增强腰腹部力量的设施、增强下肢肌肉力量的设施、休闲放松的设施。

（二）公共健身设施的设计要点

1.易用性

所谓易用，指的是在使用健身设施前人们不需经过专门培训和学习，一看就会操作和使用。只有容易使用，才会有更多的使用者，才能有更大的社会存在价值。

2.趣味性

公共健身设施虽然是以健身为主，但若缺少娱乐性因素，难免让人感觉枯燥，因此要考虑公共健身设施的趣味性，减少运动带来的疲乏感，增加心理上的愉悦感。设计者在具体设计时，为避免使用者动作的单调，在可能的情况下应布置一些可供多人参与的健身设施，以便使用者能相互交流，提高运动的积极性。

3.舒适性

使用公共健身设施过程中的舒适性原则主要体现在使用者的生理和心理两个方面。在生理上的舒适感，是指使用者在使用公共健身设施的过程中人体动作不别扭，有愉悦的身心体验。设计者在设计时要根据器材的尺寸进行科学选择。在心理上的舒适感，是指公共健身设施中可见、可触摸、可感受到的部分能给使用者带来安全感和认同感。

公共健身设施一般体量较小，不需要大面积用地，且用地形状也比较灵活。设置地点一定要结合社区的具体条件，考虑居民的锻炼需求，有针对性地选择，以满足不同人群的需要。公共健身设施可在小型广场集中布置，也可以布置在广场绿化周边，还可以沿景观路线做线形布置。公共健身设施应选择在阳光充足、通风良好、绿化景观丰富的地方布置。公共健身设施的造型和色彩应该与整体环境结合起来考虑，同时还要考虑娱乐、装饰等功能。

【复习思考题】

1.游乐设施有哪些?
2.儿童游乐设施包含哪些内容?

第十四章　无障碍设施

第一节　无障碍设施的基本概念

无障碍设施是指保障残疾人、老年人、孕妇、儿童等社会成员通行安全和使用便利，在建设工程中配套建设的服务设施。

无障碍设施问题的提出最早是在 20 世纪初，当时建筑学界产生了一种新的建筑设计方法——无障碍设计，它的出现旨在运用现代技术改造环境，为广大老年人、残疾人、妇女、儿童提供行动方便和安全的空间，创造一个平等参与公共活动的环境。要想了解无障调设施设计，我们首先应明确 "损伤""残疾""障碍"的概念。世界卫生组织对上述词语作了如下定义：

（1）损伤：任何心理、生理、组织结构或功能的缺失或不正常。

（2）残疾：任何以人类正常的方式或在正常范围内进行某种活动的能力受限或缺乏（由损伤造成）。

（3）障碍：一个人由于损伤或残疾造成的不利条件限制或妨碍这个人正常（决定于年龄、性别及社会各文化因素）完成某项任务。

综上所述，我们对无障碍设施设计就不难理解了，概括地说就是让残疾人、老年人及其他行动不便者等弱势群体在使用 公共设施时能安全、方便自主完成。确切地说，无障碍设施设计是指设施在使用时无障碍物、无危险。

第二节　无障碍设施的标识

政府机关与主要公共建筑的无障碍设施都应设置国际通用的无障碍标识牌，标识内容见表 14-2-1。标识牌的位置和高度要适中，制作要精细，安装要牢固。凡符合无障碍建筑标准的建筑物和服务设施及室外通道，都应在显著的位置安装易于辨识的标识牌，为残疾人、老年人、孕妇、儿童等社会成员提供信息。标识牌在设计时应注意以下几点：

（1）人流集散较为密集处的导游图、标识牌等应有相应的盲文介绍，盲文介绍牌位置前应有提示盲道，有条件的园林绿地中应设置触摸式发声地图和景点介绍。

（2）各类盲文标识牌高度为 1000～1500 mm，方便视觉障碍者触摸。

（3）标识牌上的字体应较大，字体颜色与底色对比要强烈，方便近视者和弱视者查看。

（4）专供视觉障碍者游玩的景区中应有完善、齐全的盲文标识牌。

（5）园林中的提示背景音应清晰、柔和，园中电子信息屏幕旁应有声音提示装置，背景音量适中，不妨碍游人之间的交流，但也应保证人们能够不费力地获取信息。

（6）有条件的话，可配备智能系统发声耳机，以供视觉障碍者使用，并根据所处地段提供相应的语音提示和解说等。

表 14-2-1　无障碍国际通用标识

标识	说明	标识	说明
无障碍设施 Accessible Facility	表示供残疾人、老年人、伤病人及其他有特殊需求的人群使用的设施，如轮椅等。也表示轮椅使用者。 应根据实际情况使用本符号或其镜像符号	无障碍客房 Accessible Room	表示提供残疾人使用的客房。 应根据实际情况使用本符号或其镜像符号
无障碍电梯 Accessible Elevator	表示供残疾人、老年人、伤病人等行动不便者乘坐的直升电梯	无障碍电话 AccessibleTelephone	表示供轮椅使用者或儿童使用的电话
无障碍卫生间 Accessible Toilet	表示供残疾人、老年人、伤病人等行动不便者使用的卫生间	无障碍停车位 Accessible Parking Space	表示专供残疾人使用的停车位
无障碍坡道 Accessible Ramp	表示供残疾人、老年人、伤病人等行动不便者使用的坡道。 应根据实际情况使用本符号或其镜像符号	无障碍通道 Accessible Passage	表示供残疾人、老年人、伤病人等行动不便者使用的通道。 应根据实际情况使用本符号或其镜像符号

标识	说明	标识	说明
行走障碍 Facility for Physically Handicapped	表示行走障碍或供行走障碍者使用的设施。 应根据实际情况使用本符号或其镜像符号	听力障碍 Facility for Auditory Handicapped	表示听力障碍者或供听力障碍者使用的设施
导听犬 Assistance Dog for Auditory Handicapped	表示导听犬或供导听犬使用的设施	听力障碍者电话 Telephone for Auditory Handicapped	表示供听力障碍者使用的电话
视力障碍 Facility for Visually Handicapped	表示视力障碍者或供视力障碍者使用的设施	导盲犬 Assistance Dog for Visually Handicappe	表示导盲犬或供导盲犬使用的设施
文字电话 Text Telephone	表示为听力障碍者或语言障碍者提供文字帮助的电话		

第三节 城市步行系统中的无障碍设计

一、缘石坡道

人行道是城市道路的重要组成部分，应该是人们徒步行走时最方便和安全的地带。城市道路设计时为区分行车道与人行道以及利于分割人流与车流，人行道一般都高出行车道 10 ～ 20 cm，这给轮椅使用者带来不少困难，所以在人行道出入口、大型广场都应设置可供轮椅通行的缘石坡道。

二、园路

园路指园林中的道路工程，包括园路布局、路面层结构和地面铺装等设计。园路无障碍设计的原则有以下几个：

（1）系统性，即运用系统化的观点，对园路的线性空间、起点和终点、交通规划进行分析，以形成全面的无障碍园路体系。

（2）安全性，是无障碍设计最重要的原则。针对行动不便者的环境障碍，无障碍设计要求保证园路设计的安全性。

（3）方便性，指园路应便于游人行走，避免其重复性的动作及减少不必要的生理机能消耗，这对于老年人、残疾人、儿童等行动不便者来说尤为重要。如合理的园路尺度、坡道与台阶能提升游人通行的方便性。

（4）可达性。可达性要求园林场所及其设施具有可接近性。公园园路设计要为残疾人、老年人等行动不便者提供方便舒适的无障碍通道，提高公园空间中的可达性。

三、坡道与台阶

台阶不利于轮椅通过，可以考虑同时设置坡道和踏步，如图 14-3-1 所示。坡道可设计成直线形、L 形或 U 形等，不应设计成圆形或弧形。在坡道两端的水平段和坡道转向处的水平段，要设有深度不小于 150 cm 的轮椅停留和轮椅缓冲地段。在坡道、台阶、楼梯、走廊的两侧应设扶手。

图 14-3-1　坡道与踏步

四、扶手

扶手的设计原则有以下几个：

（1）单层扶手的高度应为 850～900 mm，双层扶手的上层扶手高度应为 850～900 mm，下层扶手高度应为 650～700 mm。

（2）扶手应保持连贯，靠墙面的扶手的起点和终点处应水平延伸不小于 300 mm 的长度。

（3）扶手末端应向内拐到墙面或向下延伸不小于 100 mm，栏杆式扶手应向下成弧形或延伸到地面固定。

（4）扶手内侧与墙面的距离应不小于 40 mm。

（5）扶手应安装坚固，形状易于抓握。圆形扶手的直径应为 35～50 mm，矩形扶手的截面尺寸应为 35～50 mm。

（6）扶手的材质宜选用防滑、热惰性指标好的材料。

为便于视觉障碍者使用，可在扶手的起点和终点水平段设置盲文铭牌，标明上楼梯的位置和重要信息（如开始上楼梯、处在楼梯中间、再踏一步就到平台等），引导盲人更加安全地上下楼梯，如图 14-3-2 所示。

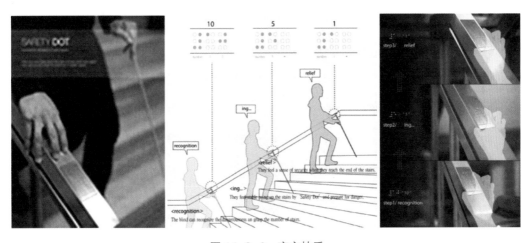

图 14-3-2 盲文扶手

五、盲道

根据使用功能，盲道分为行进盲道和提示盲道两种，如图 14-3-3 所示。行进盲道为条状形，指引视觉障碍者向前行走；提示盲道为圆点形，告知视觉障碍者前方路线的空间环境将出现变化。盲道宽宜为 300～600 mm。

（a）行进盲道

（b）提示盲道

（c）人行道上的提示盲道与行进盲道

图 14-3-3　盲道

（一）园林中的盲道

（1）行进盲道触感条面一般宽 25 mm，底宽 35 mm，距地面高 5 mm，相邻触感条中心距离为 62 ～ 75 mm。

（2）设置行进盲道的园路人行道外侧有围墙、花台或绿化带时，盲道宜设在距围墙、花台、绿化带 250 ～ 500 mm 处；园路人行道内侧有树池时，行进盲道可设在距树池 250 ～ 500 mm 处；没有树池时，行进盲道距立缘石应不小于 500 mm。

（3）园路成弧线形路线时，行进盲道宜与园路走向一致。

（二）园林中的提示盲道

（1）提示盲道触感圆点表面直径一般为 25 mm，底面直径为 35 mm，圆点距地面高度为 5 mm，相邻圆点中心距离为 50 mm。

（2）在行进盲道起点、终点和转弯处应设置提示盲道，其长度应大于行进盲道的宽度；园林中盲道的设计应连续，中途不应有拉线、树木等障碍物，同时也应避开井盖铺设，盲道铺设的颜色应与周围园路颜色形成对比，以方便弱视者辨别。盲道一般采用中黄色，为防止磨损和生锈，可采用新型的不锈钢盲道。

第四节　出入口的无障碍设计

一、园林景区出入口

园林景区出入口的无障碍设计应满足以下要求：

（1）出入口宽度应不低于 1.2 m，内外应有集散广场空间，供乘轮椅者或其他游人停留和集散。出入口地面应平缓防滑，有高差时，应设置坡道。

（2）园林的售票处应设置低位售票窗口和低位问讯处，检票通道处应至少设置一个无障碍检票通道，宽度不小于 1.1 m；检票通道与售票窗口前应设置提示盲道，并与人行道上的行进盲道连通。

（3）出入口处的导游图上应有全园无障碍设施的位置，应在其旁设置盲文导游图或触摸式发声地图，盲文导游图前应有提示盲道和一定的铺装场地。较大型园林或旅游景点出入口处的游客服务中心应设有低位服务台、存包处，并有轮椅以供租借。

图 14-4-1　园林景区出入口

二、建筑物出入口

建筑物出入口的无障碍设计应满足以下要求：

图 14-4-2　建筑物出入口

（1）建筑物出入口应同时设计台阶和坡道，供不同需求的人们进行选择，如图 14-4-2 所示。在出入口的内外两边要留有足够的轮椅回转空间。

（2）出入口高差太大或者受场地限制而无法同时设置台阶和坡道时，应设置相应的替代设施，如无障碍电梯等。

（3）对于出入口高差较大或周围环境较局促，无法设置固定的无障碍坡道时，可以配备移动式木坡道。

（4）使用较多的建筑门宽及过厅宽应不小于1.2 m。

第五节　无障碍电梯

无障碍电梯是适合轮椅使用者、视力残疾者或担架床可进入和使用的电梯。 在公共建筑中配备电梯时，必须设无障碍电梯。国际通用的无障碍设计标准较多，对于电梯来说，具体的要求主要是出入口净宽均应在 0.80 m 以上，以便轮椅进入。

候梯厅无障碍设施的设计要求如下：候梯厅深度宜不小于 1.50 m，按钮高度为 0.90～1.10 m，电梯门洞净宽度宜不小于 0.90 m，电梯出入口处宜设置盲道，候梯厅应设电梯运行显示装置和抵达音响。

电梯轿厢无障碍设施的设计要求如下：电梯门开启净宽不小于 0.80 m；轿厢最小规格为深度不小于 1.40 m，宽度不小于 1.10 m；中型轿厢规格为深度不小于 1.60 m，宽度不小于 1.40 m；医疗建筑宜选用病床专用电梯；轿厢正面和侧面可设高 0.80～0.85 m 的扶手；轿厢侧面可设高 0.90～1.10 m 带盲文的选层按钮；轿厢正面高 0.90 m 处至顶部可安装镜子；轿厢上、下运行及到达时应有清晰显示和报层音响。

【复习思考题】

1.景观人行步道设计中应考虑哪些无障碍设计要求？分别怎样设计？

2.景观中的障碍类型有哪些？

参考文献

［1］薛文凯，陈江波.公共设施设计［M］.北京：中国水利水电出版社，2012.

［2］刘娜，格日朗，潘萌萌，等.景观小品设计［M］.2版.北京：中国水利水电出版社，2017.

［3］孙超.假山、水景、景观小品工程［M］.北京：机械工业出版社，2015.

［4］王今琪.室外家具小品［M］.北京：机械工业出版社，2012.

［5］刘磊.园林设计初步［M］.重庆：重庆大学出版社，2010.

［6］郭爱云.园林工程施工技术［M］.武汉：华中科技大学出版社，2014.

［7］余昌斌，陈远.源于中国的现代景观设计——景观材料与细部［M］.北京：机械工业出版社，2010.

［8］黄曦，何帆.景观小品设计［M］.北京：中国水利水电出版社，2013.

［9］吴婕.城市景观小品设计［M］.北京：中国水利水电出版社，2013.

［10］尹安石.现代城市滨水景观设计［M］.北京：中国林业出版社，2010.

［11］靳超，朱军.景观小品工程［M］.北京：中国建筑工业出版社，2005.

［12］刘弘睿.社区公共艺术与景观小品［M］.北京：中国建筑工业出版社，2014.

［13］香港日瀚国际文化有限公司.景观设计绿皮书［M］.北京：中国林业出版社，2006.

［14］陈杰.现代园林景观小品艺术［M］.长沙：湖南人民出版社，2008.

［15］高迪国际出版有限公司.城市景观小品［M］.大连：大连理工大学出版社，2012.

［16］张楠.城市元素·细部设计系·景观小品［M］.北京：化学工业出版社，2012.

［17］唐茜，康琳英，乔春梅.景观小品设计［M］.武汉：华中科技大学出版社，2017.

［18］任新宇，言华，辛瑞.景观建筑小品设计500例——公共设施·廊亭·花架［M］.北京：中国电力出版社，2014.

［19］言华，辛睿.景观建筑小品设计500例——细部设计［M］.北京：中国电力出版社，2014.

［20］郭明.景观小品工程［M］.北京：中国建筑工业出版社，2006.

［21］胡天君，景璟.景观设施设计［M］.北京：中国建筑工业出版社，2019.

［22］雅各布·克劳埃尔.装点城市：公共空间景观设施［M］.高明，刘丹春，译.天津：天津大学出版社，2010.

［23］凯利·香农，马塞尔·斯梅茨.当代基础设施景观［M］.刘海龙，等译.北京：中国建筑工业出版社，2019.

［24］李倞.景观基础设施——思想与实践［M］.北京：中国建筑工业出版社，2017.

［25］凌善金.旅游景观设计与欣赏［M］.北京：北京大学出版社，2015.

［26］李宏.旅游景观设计［M］.北京：经济科学出版社，2018.

［27］邓涛.旅游区景观设计原理［M］.北京：中国建筑工业出版社，2018.

［28］杨建英，陶小燕，于洋，等.生态型地面停车场绿化基础研究［M］.北京：中国林业出版社，2016.

［29］何小青.都市中的屏风——城市景观墙的设计与应用［M］.北京：中国建筑工业出版社，2010.

［30］田建林，张柏.都市中的屏风——园林景观假山·置石·墙体设计施工手册［M］.北京：中国林业出版社，2012.

［31］陈韬.生态视野下的室外活动空间设计研究［M］.沈阳：沈阳出版社，2019.

［32］郑康，李嘉锋.无障碍卫生间设计要点图示图例解析［M］.北京：中国建筑工业出版社，2021.